U0852984

计算机机房系统部署实训指导教程

主　编◎唐鹏举　王　栋　李　伟
副主编◎林　晶　邓绍伟　赵喜华
唐　波　高艳霞

湘潭大学出版社
XIANGTAN UNIVERSITY PRESS

前　言

当前，国家新工科建设与产教融合战略对高校计算机机房提出全新定位——它不仅是人工智能、工业软件等前沿技术的实训基座，更承载着无纸化考试、职业认证培训、管理系统研发等多元使命。传统手工装机模式存在耗时冗长、环境一致性差、安全风险高等突出矛盾，已成为制约产教融合落地的技术瓶颈。

本书立足实战需求，深度剖析三大国际品牌设备及非品牌设备的系统部署解决方案。在戴尔章节中，读者将掌握戴尔硬盘保护增强套件的增量部署技术，实现50%以上的效率提升；联想章节详解联想智能云教室的跨设备并发管控能力，破解多型号机房统一管理难题；惠普章节深度解析增霸卡的瞬时还原引擎与集中策略管控能力，通过冻结技术保障系统纯净性，并创新提出与教务系统/自动化工具的集成方案，实现考试环境按需快速切换。针对日益增多的国产化设备与非品牌计算机，教程创造性提出基于PXE＋Ghost＋TFTP的开源混合架构，完整覆盖从网络启动到镜像分发的全流程，并专项适配统信UOS、麒麟等自主操作系统部署场景。

本书以软件功能逻辑为核心编写，严格遵循厂商技术文档规范。编写过程中坚持问题导向，按照实际操作的先后顺序对相关知识进行介绍，打破技术白皮书按软件架构进行知识介绍的传统，使读者更容易掌握操作过程。

在本书的构思、编写与出版过程中，彭小宁教授始终给予编者无私的关怀和巨大的支持。他不仅在专业领域提供了宝贵的指导，更对本书的最终成稿倾注了大量心血，其鼓励与帮助是本书得以顺利出版的关键动力。在此，谨向彭小宁教授致以最诚挚的谢意！

在本书编写过程中，石元泉教授对书稿提出了诸多宝贵建议，吴易雄教授也提供了大量帮助。同时，吸取了相关软件技术文档和系统部署专著和论文的思想，得到了联想、北京华锐联创科技有限公司、北京海光超越科技有限公司厂家技术相关技术人员的帮助，得到了兄弟院校同行的大力支持，在本书出版之际，对给予我们帮助、支持和鼓励的老师表示衷心的感谢。

期待本书成为高校机房管理员、计算机实训教师及职业教育信息化建设者的案头工具，以标准化、自动化的系统部署能力，筑牢数字化人才培养的基石。

由于编者水平有限，时间紧迫，书中错误与不足之处在所难免，敬请同行和读者批评指正。

编　者

2025 年 7 月

目　录

第一章　基于戴尔硬盘保护增强套件的系统部署

随着教育信息化建设的深入推进，计算机机房呈现出设备数量规模化（单机房终端量普遍超百台）、硬件配置异构化（多代际设备共存）的发展趋势。戴尔公司基于二十多年教育行业服务经验针对该场景推出的硬件保护增强套件，通过整合网络同传、智能还原与集中管控三大子系统，构建了覆盖系统部署、运行维护、安全防护全生命周期的机房管理解决方案。

该方案的技术特性可归纳为以下七点：

（1）高效批量部署：采用 P2P 多播技术实现 254 台终端并行传输，实测显示部署 100 台 Windows 10 设备（镜像大小 45 GB）耗时仅 35 分钟（千兆网络环境），较传统单点部署效率提升 12 倍。

（2）智能网络配置：通过 DHCP 策略模板自动分配 IP 地址/MAC 绑定，支持 CIDR 格式的网段规划，系统重置后自动重建 ARP 缓存表。

（3）多维防护体系：提供全盘保护、增量快照与专属沙箱三重机制，经第三方测试可拦截 99.6%的勒索软件攻击。

（4）跨平台兼容能力：通过虚拟化层抽象技术，支持 Windows XP/7/8.1/10/11 及 Ubuntu/CentOS 等主流 Linux 发行版。

（5）硬件级虚拟化：基于 Intel VT-d/AMD-V 技术实现操作系统实例隔离，单个物理机最多承载 64 个独立系统环境，各实例享有专属 TPM 2.0 加密分区。

（6）秒级状态回滚：采用扇区级差异备份，典型 20 GB 系统分区还原耗时≤23 秒（SSD 环境）。

（7）增量更新优化：集成 Rsync 算法实现差异数据分发，版本升级带宽消耗降低

72%（实测 Office 365 从 V2108 升级至 V2203 仅需传输 317 MB 数据）。

第一节　CMOS 设置

要使用戴尔的硬件保护套件，需要计算机支持，因此在正式安装使用硬盘保护控制台之前，需要完成以下工作：

第一步：首先完成机房中所有计算机的物理连线、电源接通、网络连通等工作。

第二步：确认需要部署的计算机应同型号、同配置。不同配置的机器同传后可能出现蓝屏现象。

第三步：需保证磁盘尾部有大于 2 GB 未使用空间。这部分空间用来存储备份信息。

第四步：确保计算机 BIOS 设置符合以下要求。具体设置如下（以戴尔成铭 3991 为例）：

（1）开机后按 F2 键可以直接进入 BIOS 设置界面，或者按 F12 键进入快速启动选项，再选择“BIOS Setup”选项，进入 BIOS 设置界面。BIOS 设置界面如图 1-1-1 所示，快速启动选项界面如图 1-1-2 所示。

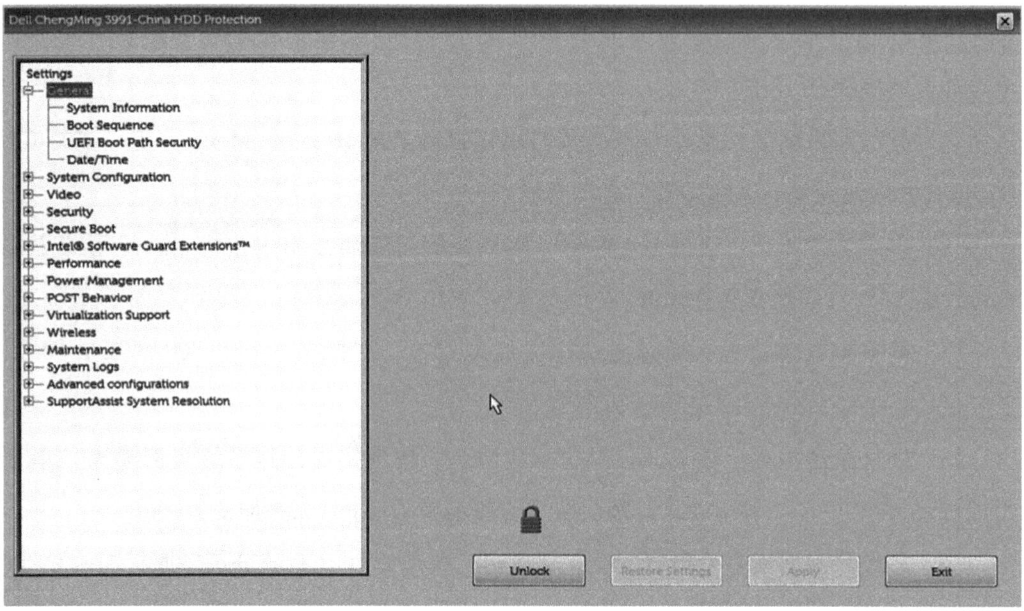

图 1-1-1　BIOS 设置界面

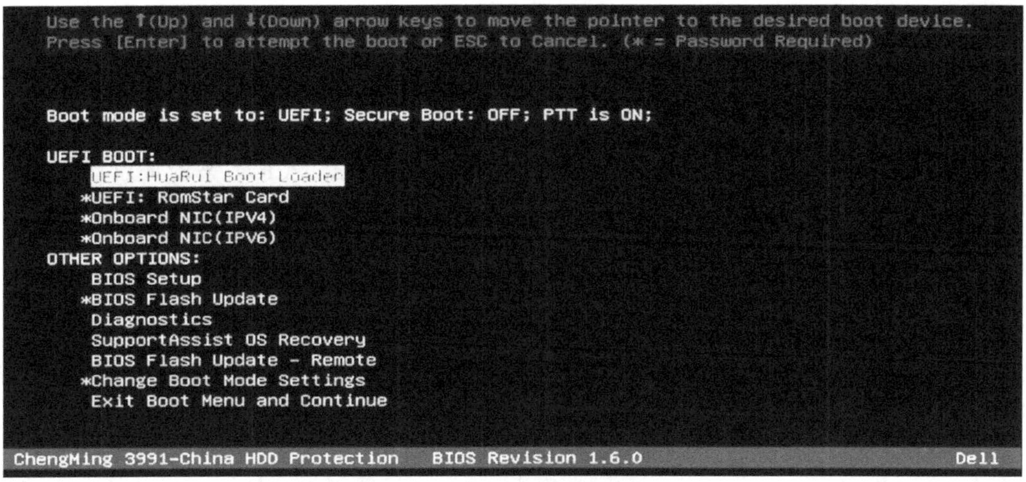

图 1-1-2　快速启动选项界面

（2）如果设置了密码保护，点击 Uulock 按钮，输入正确的密码后可以进行下一步操作。

（3）选择“Security”选项下的“HDD Protection Support”，在右边勾选“HDD Protection Support”，该选项的主要作用是保护硬盘的安全性和数据的完整性。当硬盘出现问题时，系统会自动启动保护模式，防止进一步的损坏；此外，该功能还包括硬盘保护增强套件，通过硬盘保护控制台来实现对硬盘的保护和管理。因此只有勾选该功能才能使用戴尔硬盘保护增强套件。硬盘保护功能设置界面如图 1-1-3 所示。

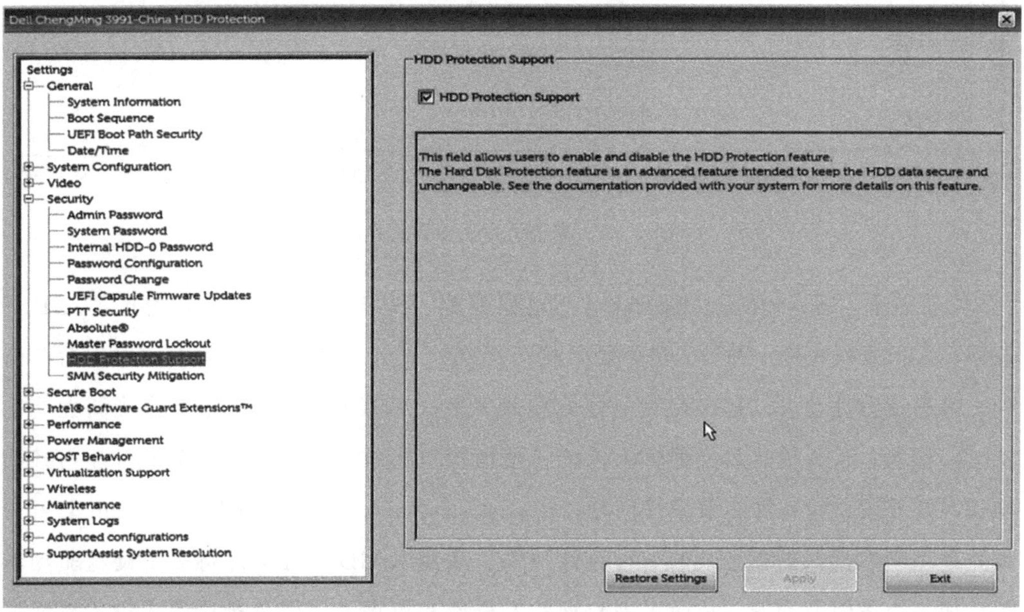

图 1-1-3　硬盘保护功能设置界面

（4）选择 Secure Boot 选项下的“Secure Boot Enable”，不要选中该功能，禁用安全引导功能。安全引导是一种安全标准，确保计算机仅使用受信任的软件进行启动。在 Windows 系统中，安全引导通过完整性测量架构（Integrity Measurement Architecture，IMA）和平台配置寄存器（Platform Configuration Registers，PCRs）来验证启动组件的完整性。在 VMware 中，安全引导通过签名和密钥交换密钥（Key Exchange Key，KEK）来确保加载的程序是经过认证的。启用安全引导可以防止未经授权的软件在系统启动时运行，从而提高系统的安全性。安全引导功能设置界面如图 1-1-4 所示。

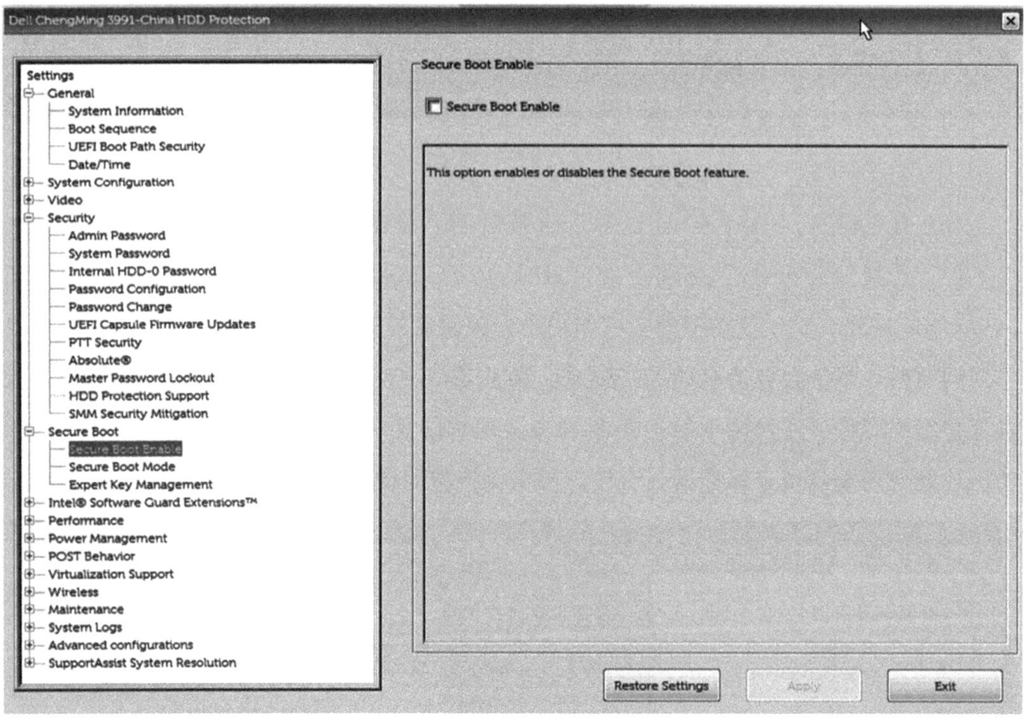

图 1-1-4　安全引导功能设置界面

（5）选择“System Configuration”选项下的“SATA Operation”，勾选“AHCI”选项。AHCI 模式是一种更先进的硬盘接口模式，它支持热插拔和 NCQ（原生命令队列）等高级特性，可以提高硬盘的性能和兼容性。AHCI 模式通常用于连接高性能的 SATA 硬盘；IDE 模式是一种较为传统的硬盘接口模式，它在某些情况下可能与某些操作系统或硬件设备存在兼容性问题；RAID（Redundant Aray of Independent Disks）模式是用于数据保护和冗余的一种存储技术。使用 RAID 模式可以将多个硬盘驱动器组合成一个逻辑驱动器，从而提高数据的安全性和可用性。硬盘接口模式设置界面如图 1-1-5 所示。

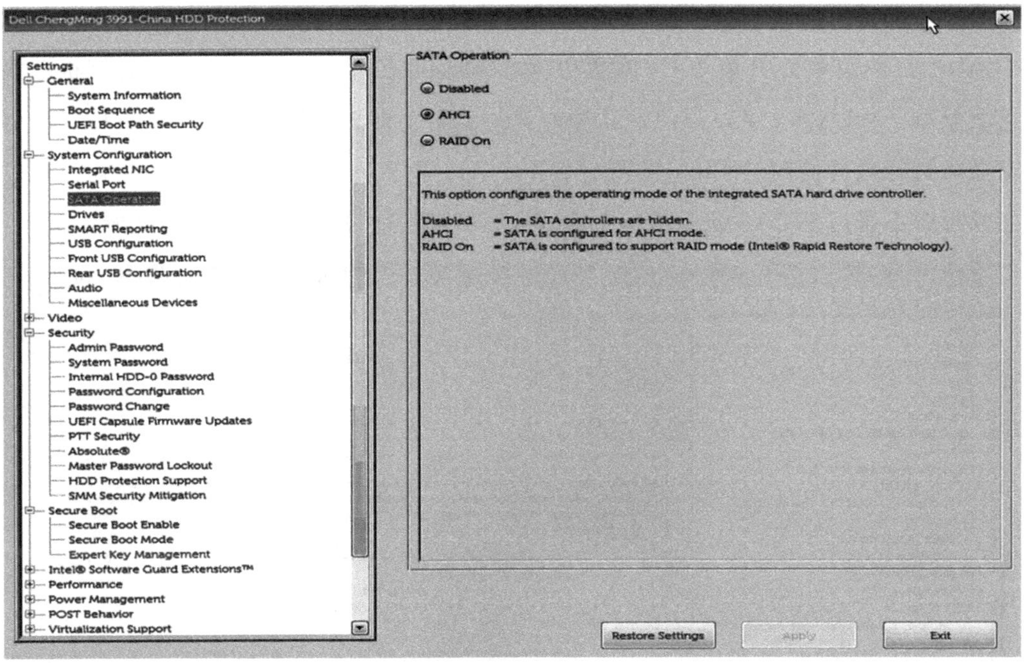

图 1-1-5　硬盘接口模式设置界面

（6）打开“Power Management”选项中的“Deep Sleep Control”，勾选右边的“Disabled”选项，禁用“深度休眠控制”功能。深度休眠模式是一种能效模式，能够显著降低计算机的功耗，适用于需要长时间待机但又不希望完全关闭系统的场景，启用该模式后，不能远程唤醒计算机。深度休眠控制设置界面如图 1-1-6 所示。

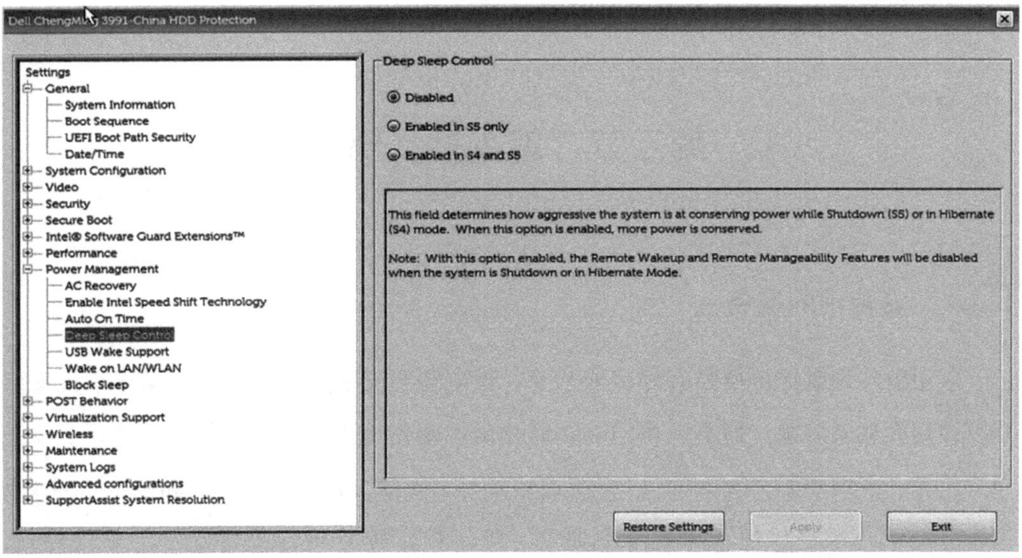

图 1-1-6　深度休眠控制设置界面

（7）打开“Power Management”选项中的“Wake on LAN/WLAN”选项，勾选“LAN Only”选项，开启 LAN 唤醒功能。“Disabled”表示禁用该功能，计算机不能远程唤醒。WLAN（Wireless Local Area Networks）即无线局域网络，是一种利用射频技术进行数据传输的系统，主要包含了 WAPI 和 Wi-Fi 两种上网模式。目前计算机机房通常不采用 WLAN 进行数据传输。远程唤醒功能设置界面如图 1-1-7 所示。

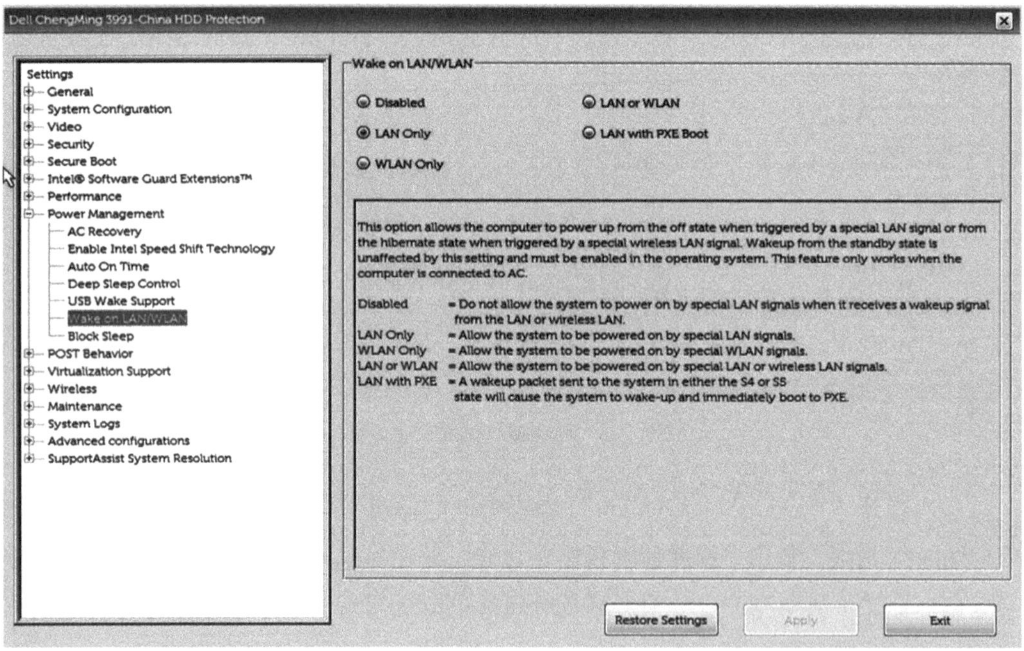

图 1-1-7　远程唤醒功能设置界面

第二节　首次批量部署

1.2.1　安装前的准备

采用戴尔硬盘保护增强套件部署系统，首先需要安装一台计算机，操作系统安装建议使用完整安装版，而不采用 Ghost 简化版，避免出现蓝屏等未知的问题；磁盘上至少具有一个纯净版 Windows 10 系统进行安装。硬盘分区时，尾部预留至少 2 GB 以上未分配空间来存放硬盘保护参数驱动。戴尔硬盘保护增强套件支持的系统包括：Windows 7 系统、Windows 10 系统、有限支持 Linux 系统。八代以上处理器不支持

MBR 分区结构系统，建议使用 GPT 分区结构 Windows 10 以上的版本。建议首次安装时，先只划分系统分区，所有软件安装完毕后，再使用戴尔硬盘保护增强套件的分区工具对剩下的空间进行分区。

利用硬盘保护分区工具进行磁盘分区和多操作系统规划，用户最多可以创建 64 个操作系统，每个操作系统最多可以拥有 16 个分区（其中最多有 7 个保护分区）。

硬盘保护分区工具对话框分成 3 个区域：操作按钮区、磁盘分区列表区、操作系统列表区。分区管理工具界面如图 1-2-1 所示。通过点击操作按钮区里的各种按钮对磁盘进行对应操作，磁盘分区列表区可以选择各操作对象，操作系统列表区可以选择不同的操作系统。

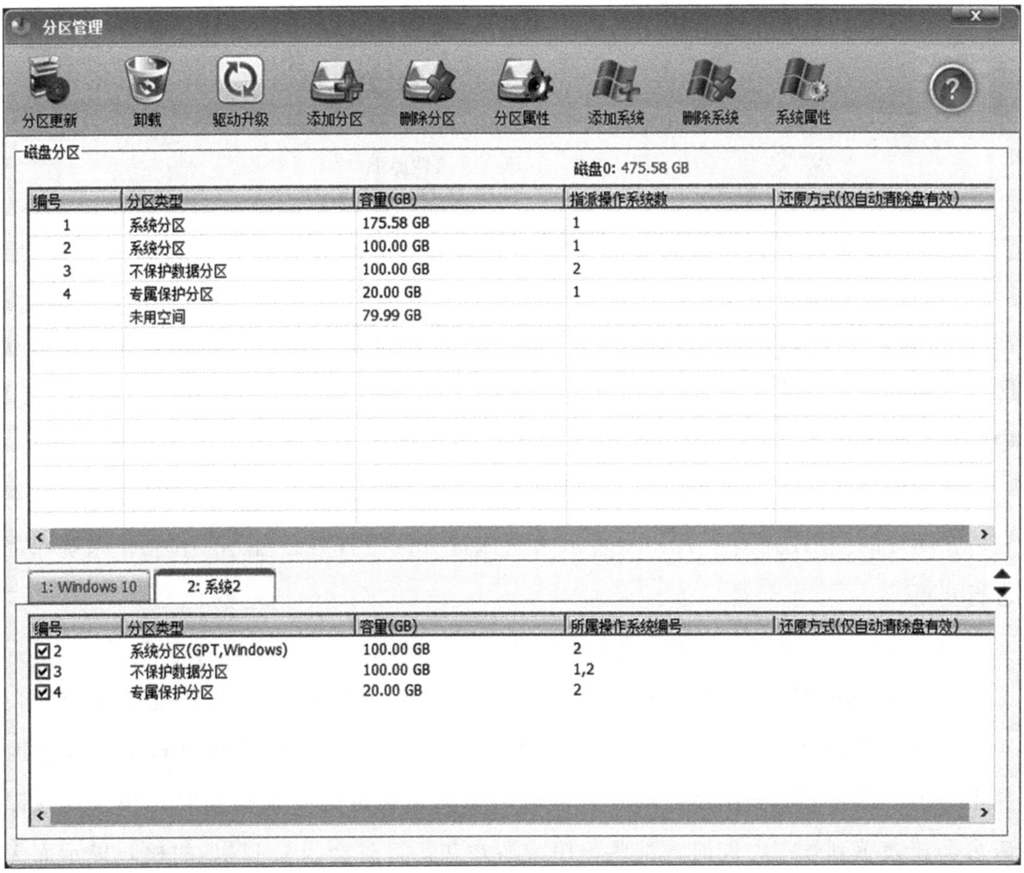

图 1-2-1　分区管理工具界面

在分区列表中，各个分区包括空闲磁盘空间按照其各自在磁盘上的扇区顺序排列，删除两个相邻的分区后，硬盘保护分区工具将它们的空间自动合并成一个未分配空间。分区可以是引导分区（操作系统的第一个分区，即 C 盘），也可以是数据分区，但是引导分区必须位于数据分区之前。用户在创建新操作系统时，硬盘保护分区工具会将最前面的非引导分区设置为新建操作系统的引导分区。同时引导分区将会被设置为“保护”属性，且引导分区不支持共享，引导分区属性界面如图 1-2-2 所示。

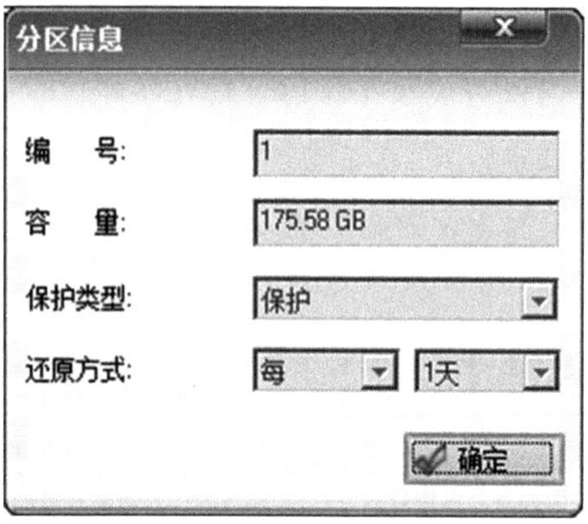

图 1-2-2 引导分区属性界面

所谓“共享分区”是指如果一个分区被设置为被多个操作系统可见，那么此分区被称为共享分区。共享分区不支持多进度保护。如图 1-2-1 中第 3 个分区。

“专属分区”是指如果一个数据分区仅被一个操作系统可见，该分区称为专属分区。专属分区可以被设置为“保护”“不保护”和“自动清除”三种类型。如图 1-2-1 中的第 4 个分区。

在首次安装阶段，用户必须运行磁盘分区工具对磁盘进行分区及多操作系统的规划。在随后的使用过程中，用户也可以运行磁盘分区工具对磁盘分区和操作系统布局进行变更。

操作系统安装完成后，还需要对系统进行以下更改：

(1) 关闭用户账户控制设置（UAC）。打开控制面板-系统和安全-更改用户账户控制设置，将滑块拉到“从不通知”，UAC 功能会在每次需要管理员权限的操作时弹出提示，这可能会打断用户的工作流程，尤其是在进行日常操作时，频繁的权限请求会让人感到烦琐，同时，某些程序或游戏在运行时会因为 UAC 的权限提示而无法正常运行，关闭 UAC 可以解决这些问题。关闭用户账户控制设置界面如图 1-2-3 所示。

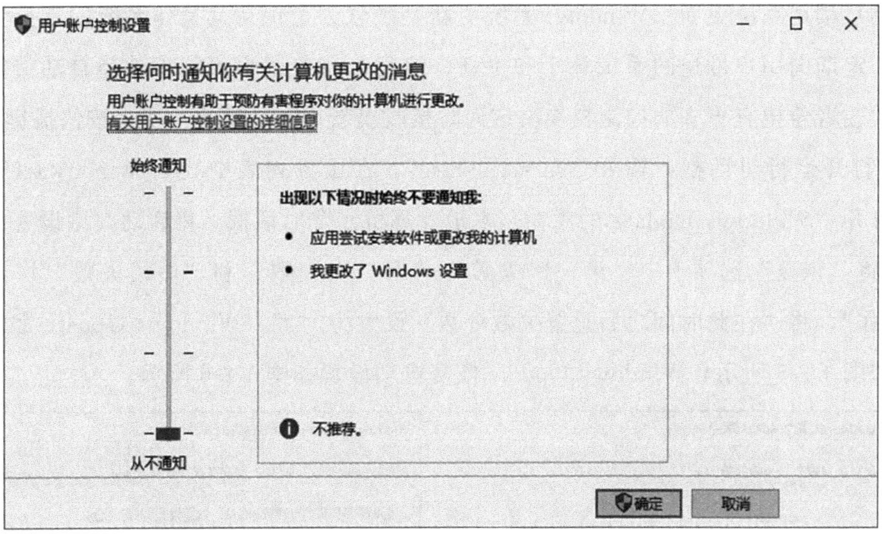

图 1-2-3　关闭用户账户控制设置界面

（2）关闭系统防火墙。打开控制面板-系统和安全-Windows Defender 防火墙-自定义设置，将专用网络设置和公用网络设置均选择“关闭 Windows Defender 防火墙（不推荐）”。防火墙是一种网络安全系统，它监控和控制进出电脑网络的数据传输。Windows 操作系统提供了内置的防火墙功能，以保护用户免受未经授权的访问和网络攻击。然而，它也可能阻止一些正常的操作，比如电子教室、考试软件等，因此关闭防火墙是必要的，否则使用网络同传功能时，会提示“请检查防火墙设置。”

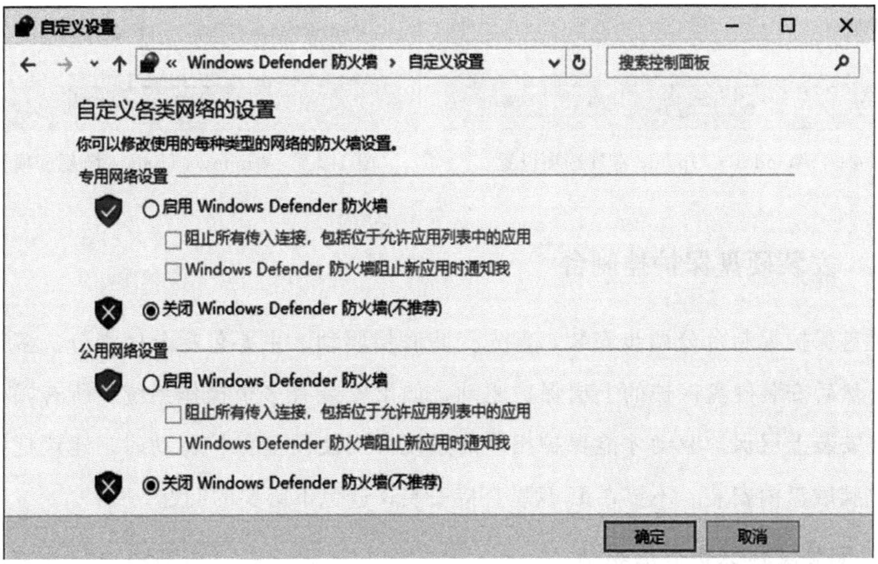

图 1-2-4　关闭防火墙界面

(3) 禁用系统更新。Windows 系统更新是微软为了保持其操作系统的安全性和稳定性，定期向用户推送的系统补丁和更新。然而，有些用户可能不希望自动接收这些更新，或者希望有更多的控制权来决定何时接收更新，在计算机机房，按快捷键“Win＋R”打开运行对话框，输入“services. msc”，在服务列表中找到 Windows Update，双击打开“Windows Update 的属性（本地计算机）”对话框，将启动类型设置为“禁用”。将“恢复”选项卡中“第一次失败”“第二次失败”和“后续失败”均设置为“无操作”，将“在此时间之后重置失败计数”设置为“0”。Windows Update 常规选项设置如图 1-2-5 所示，Windows Update 恢复选项设置如图 1-2-6 所示。

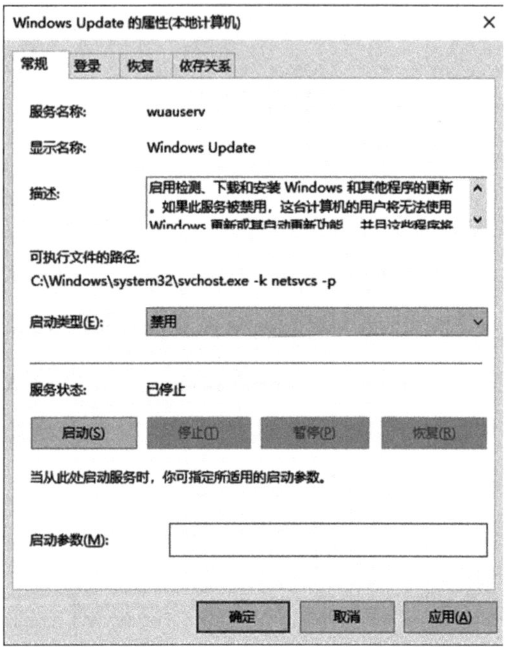

图 1-2-5　Windows Update 常规选项设置

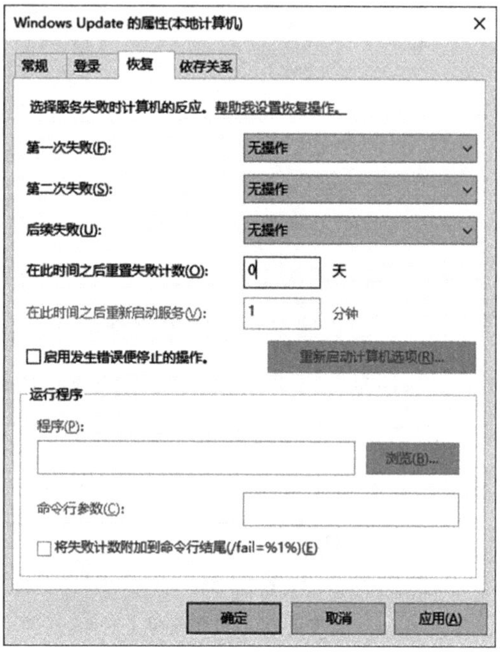

图 1-2-6　Windows Update 恢复选项设置

1.2.2 安装硬盘保护控制台

硬盘保护控制台分两步安装，首先安装底层驱动，主要包括分区划分、多系统规划等，然后安装硬盘保护的上层保护驱动，如果安装有多个操作系统，所有操作系统都需要安装上层保护驱动才能保护相应的系统。安装硬盘保护驱动时，建议把安装包拷到电脑磁盘内安装，不要在 U 盘里直接安装，避免不必要的问题。

1. 安装硬盘保护底层驱动

安装完操作系统和常用应用程序后，将硬盘保护控制台的安装包拷贝到本地硬盘，运行 Setup. exe，选择硬盘保护控制台启动安装过程，安装界面如图 1-2-7 所示。

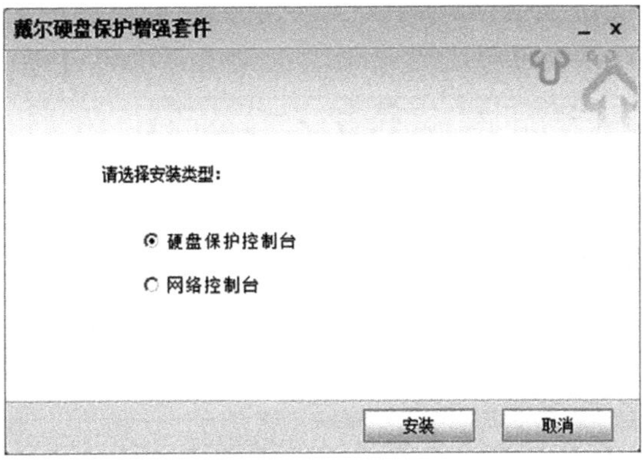

图 1-2-7　安装界面

点击“安装”按钮，进入版本匹配界面。点击“检查”按钮，自动进行版本匹配，匹配成功后，点击“下一步”按钮，进入系统分区规划界面。版本匹配界面如图 1-2-8 所示。

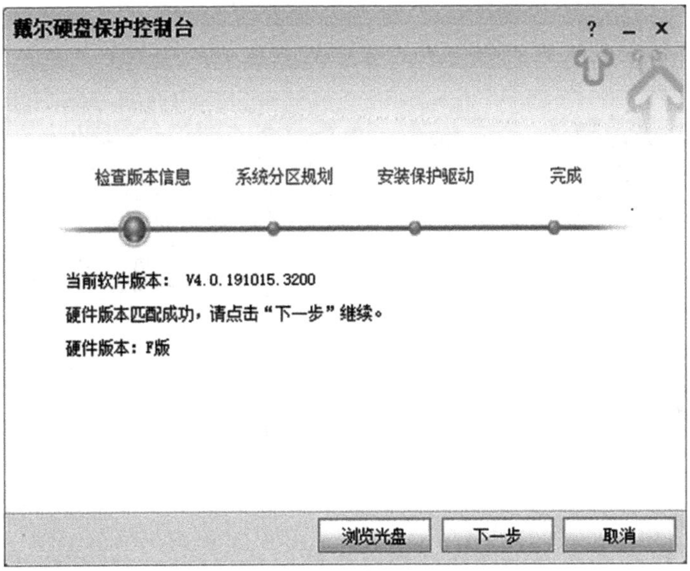

图 1-2-8　版本匹配界面

在分区管理界面，可以设置对本机的硬盘进行保护设置。当有 2 块硬盘时，可以勾选“启用双硬盘保护”选项，同时建议将硬盘保护程序安装到固态硬盘上。点击确定即可选择安装位置。如果点击确定提示尾部空间不足，请检查保护驱动安装的硬盘尾部是否留了 2 GB 以上的未分配空间。然后设置分区信息，分区管理启动界面如图 1-2-9 所示，分区管理设置界面如图 1-2-10 所示。

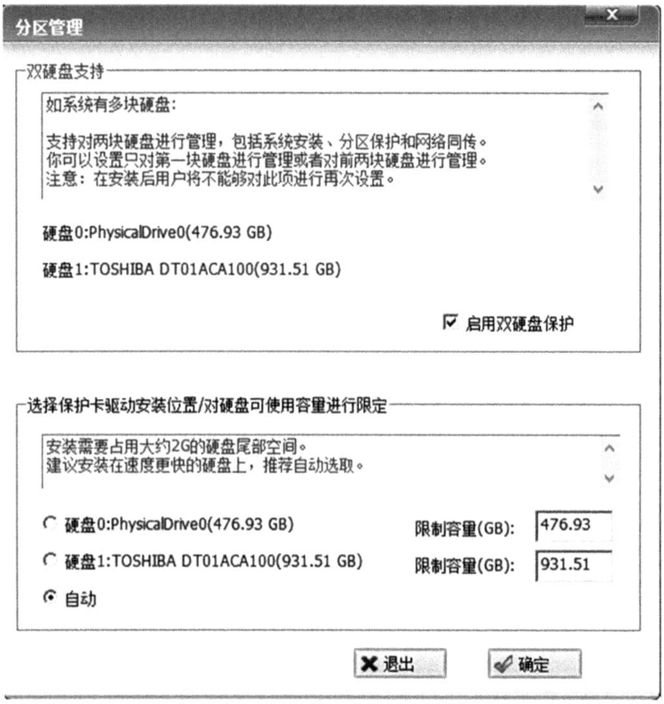

图 1-2-9　分区管理启动界面

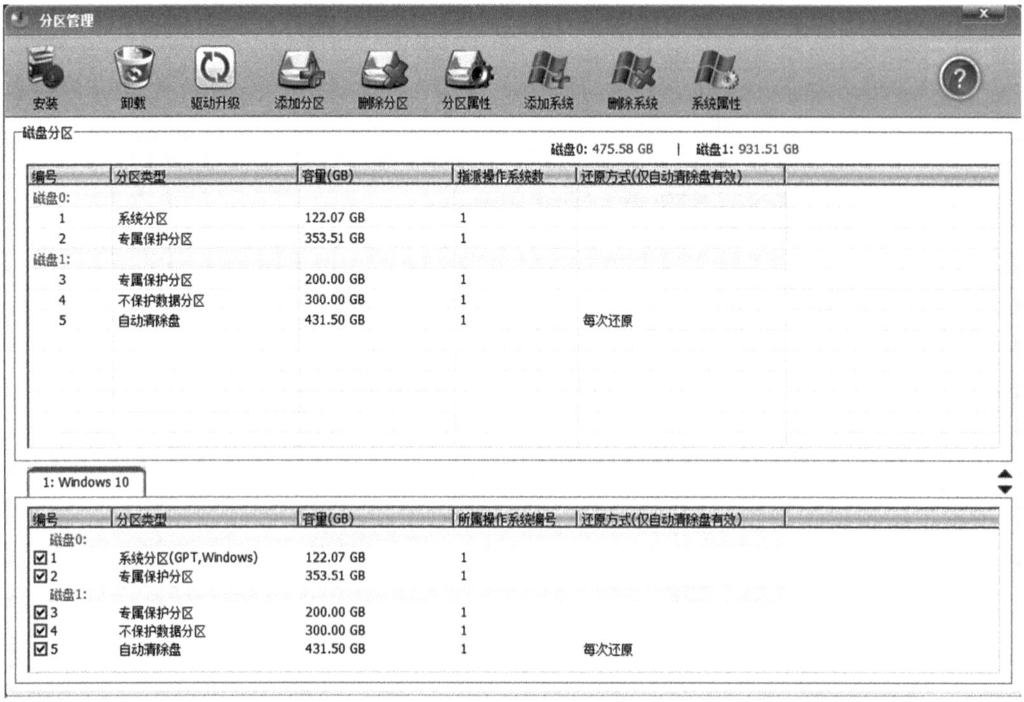

图 1-2-10　分区管理设置界面

全部设置好后，点击左上角的“安装”按钮，弹出开始安装确认界面，安装完毕后会弹出重新启动计算机的对话框，点击“确定”后系统将自动重启，重启后会停留在硬盘保护底层的 Pre-OS 系统选单界面，此时硬盘保护底层驱动安装完成。开始安装确认界面如图 1-2-11 所示，重新启动计算机界面如图 1-2-12 所示。

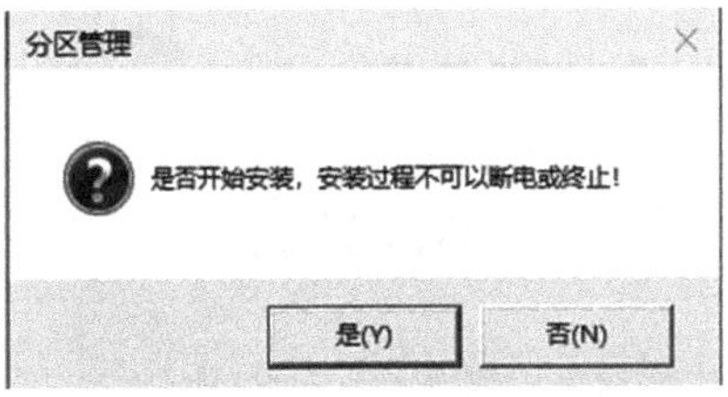

图 1-2-11　开始安装确认界面

图 1-2-12　重新启动计算机界面

2. 安装硬盘保护上层驱动

经过系统分区规划后，再次进入系统，此时可以将已经划分的数据分区进行格式化。格式化后，再次运行 Setup. exe，选择硬盘保护控制台，进入安装保护驱动过程。硬盘保护控制台安装界面如图 1-2-13 所示。

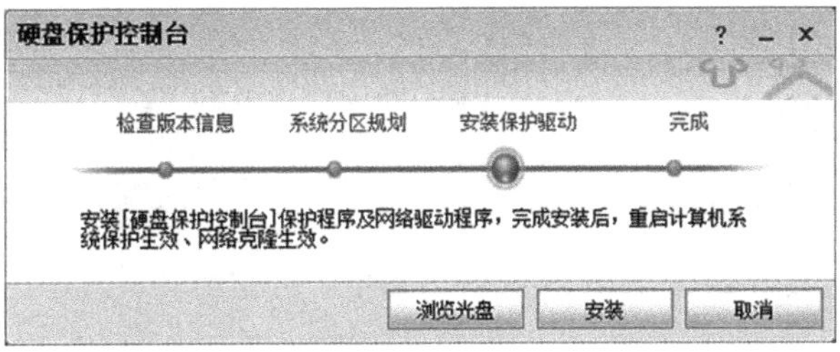

图 1-2-13　硬盘保护控制台安装界面

点击“安装”按钮，弹出“硬盘保护控制台 V4. 1 安装”界面，安装过程与常用应用软件安装过程相似，选择默认选项即可。硬盘保护控制台主要安装界面如图 1-2-14 (a)、(b)、(c)、(d) 所示。

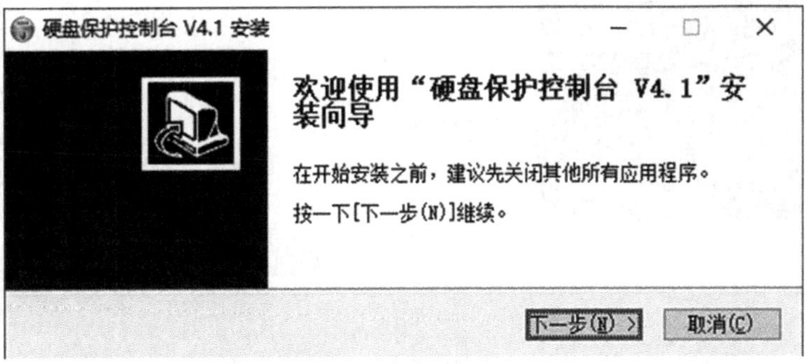

(a)

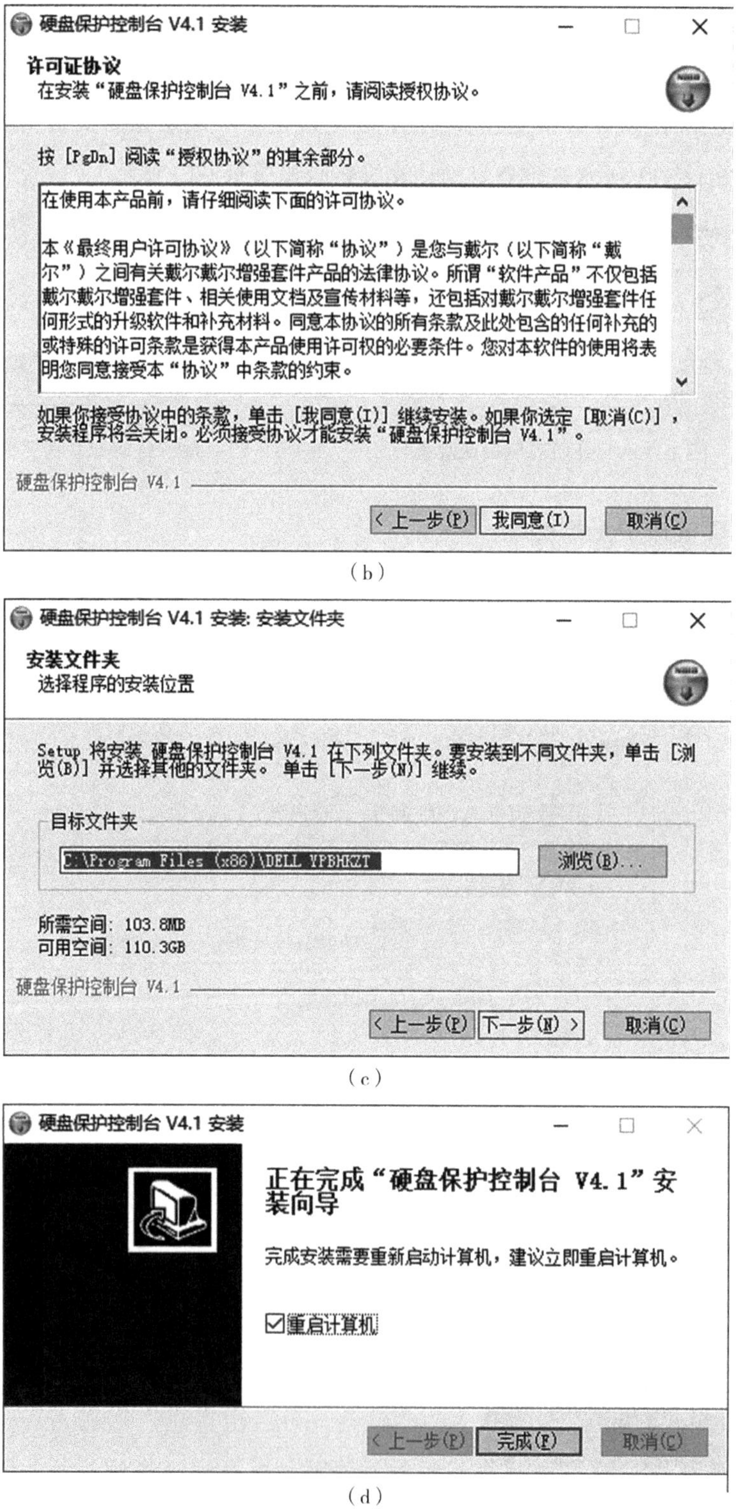

(b)　(c)　(d)

图 1-2-14　硬盘保护控制台主要安装界面

第三节　网络克隆

第一台计算机的系统安装完毕后，可以将该计算机的系统克隆到其他机器中去。正常进入系统后，在任务栏界面找到硬盘保护控制台图标右击，弹出登录菜单，点击“登录”，登录菜单操作界面如图 1-3-1 所示。在弹出的登录对话框中输入登录密码，初始密码为“dell”，系统登录界面如图 1-3-2 所示。

图 1-3-1　登录菜单操作界面

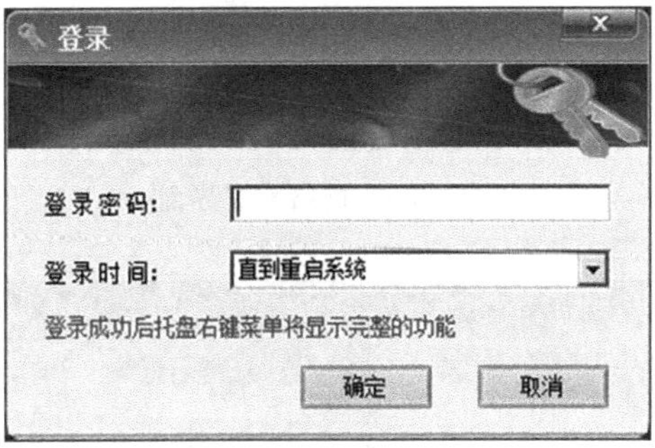

图 1-3-2　系统登录界面

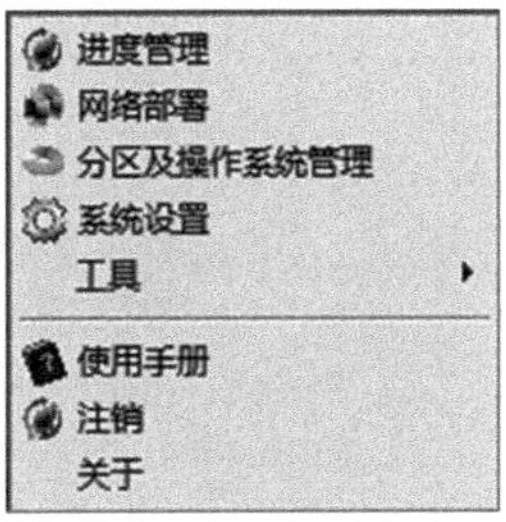

图 1-3-3　系统菜单

登录成功后，在任务栏右下角再次点击硬盘保护控制台图标，可以打开系统管理菜单，菜单包括：进度管理、网络部署、分区及操作系统管理、系统设置、工具、使用手册等选项，系统菜单如图 1-3-3 所示。点击“网络部署”选项，打开网络部署窗口，网络部署操作界面如图 1-3-4 所示。点击“等待登录”按钮，“等待登录”按钮更名为“完成登录”，系统进入等待状态。网络部署等待界面如图 1-3-5 所示。

图 1-3-4　网络部署界面

图 1-3-5　网络部署等待界面

发送端设置完毕后，可以开启接收机，建议按 IP 地址的顺序依次开机，后期仅需修改机器名称即可；待所有机器全部连接到发送端后，可以点击“完成登录”按钮，此时，“网络克隆”按钮变为可用状态。已经连接的机器全部显示在列表区域，其中状态表示客户机是否在线，在线显示计算机图标，否则显示为空；ID 表示每台机器的编号，该编号在本网络中必须唯一，否则会提示冲突；登录的计算机根据状态不同，会处于 ROM 模式、Driver 模式和 Windows 模式三种模式，不同模式下能进行的操作各不相同：

ROM 模式：“客户端”能够登录到“发送端”，但是仅能接收参数拷贝。ROM 模式下客户端界面如图 1-3-6 所示。客户机处于 ROM 模式时发送端界面如图 1-3-7 所示。

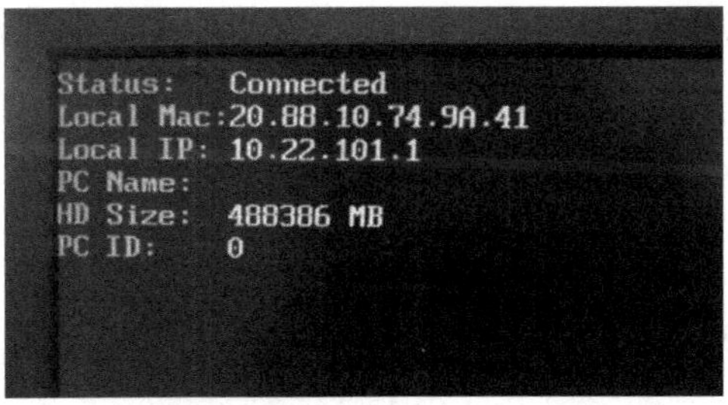

图 1-3-6　ROM 模式下客户端界面

图 1-3-7　客户机处于 Rom 模式时发送端界面

Driver（驱动）模式：如果已经接收了参数拷贝，重启后，“客户端”计算机将处于驱动模式，可利用 Pre-OS 界面中提供的网络模块进行网络传输，驱动模式“客户端”能够接收“发送端”的分区数据克隆。

Windows 模式：进入 Windows 系统后的“客户端”处于 Windows 模式，不能接收任何的克隆操作，但是能够被远程重启和关机，能接受进入指定操作系统操作（需要重新启动）。

根据机器作用不同，可以划分多个组，比如教师机和学生机应该处于不同工作组，同一机房如果有不同配置的计算机，也应该设置在不同的分组中。机器名和 IP 地址是每台计算机克隆后更新的名称和地址，在网络中必须唯一，可以在列表中直接双击后进行更改。发送端修改客户端属性界面如图 1-3-8 所示。所有计算机的信息更改完毕后，即可进行网络克隆，点击“网络克隆”按钮，弹出网络克隆对话框，第一次部署时，所有机器处于“ROM 模式”，该模式下只能进行参数克隆，网络克隆对话框界面如图 1-3-9 所示。

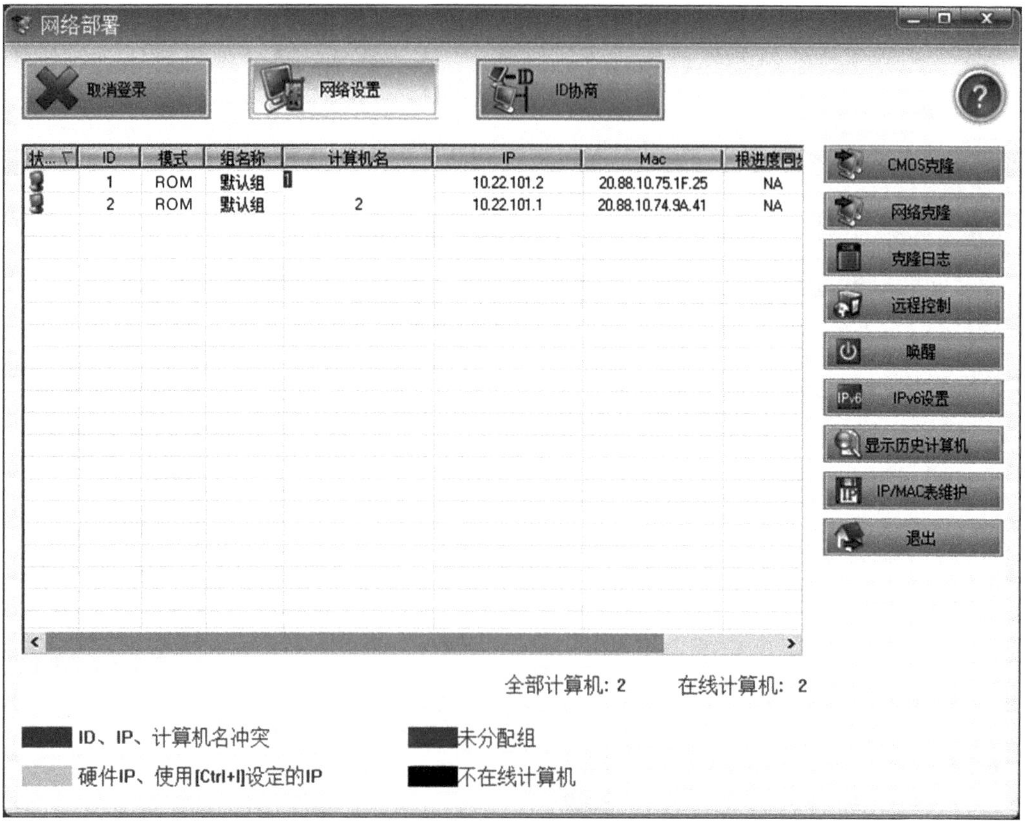

图 1-3-8　修改客户端属性界面

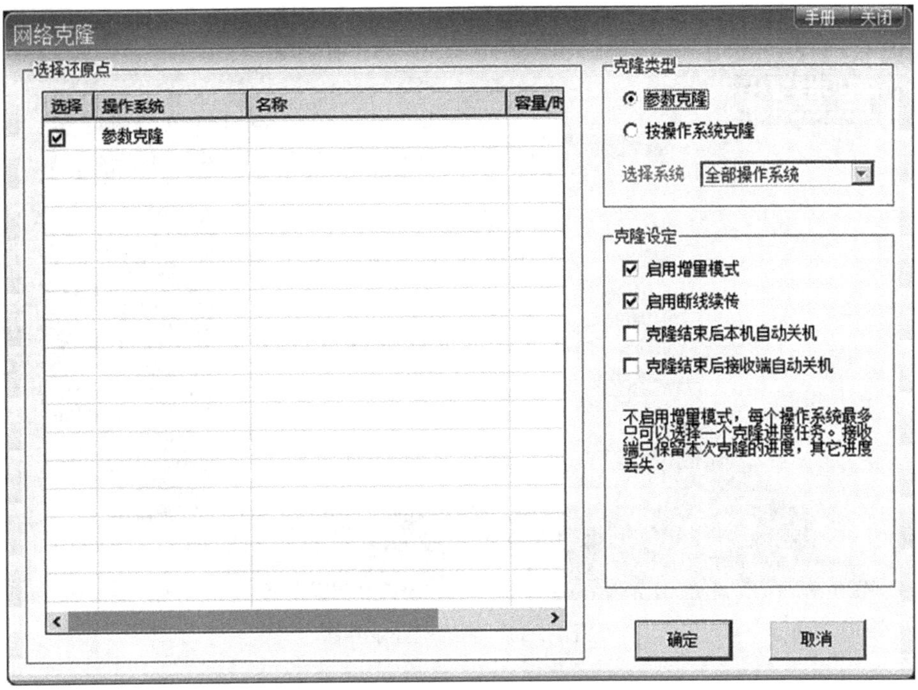

图 1-3-9　网络克隆对话框界面

参数克隆仅将发送端的硬盘保护控制台分区信息等参数克隆到登录的客户端计算机中。对于 ROM 模式的“客户端”，必须进行参数克隆，重启客户端后，“客户端”计算机才可以升级为 Driver 模式，只有处于 Driver 模式的计算机才可以接收数据克隆及 CMOS 克隆。由于参数克隆的数据量只有 30～100 MB，因此克隆所需要的时间很短。点击“确定”按钮开始克隆，克隆结束后，弹出询问是否立即重启客户端的对话框。

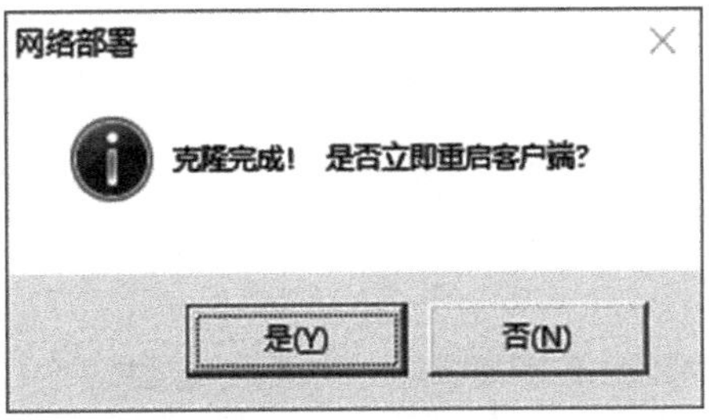

图 1-3-10　询问是否立即重启客户端对话框

在图 1-3-10 对话框中选择“是”后，所有客户机重新启动，发送端再次点击“等待登录”按钮，等待客户机登录，由于客户机已经有分区信息，直接进入 Driver 模式，客户机登录界面如图 1-3-11 所示，Driver 模式下发送端界面如图 1-3-12 所示。

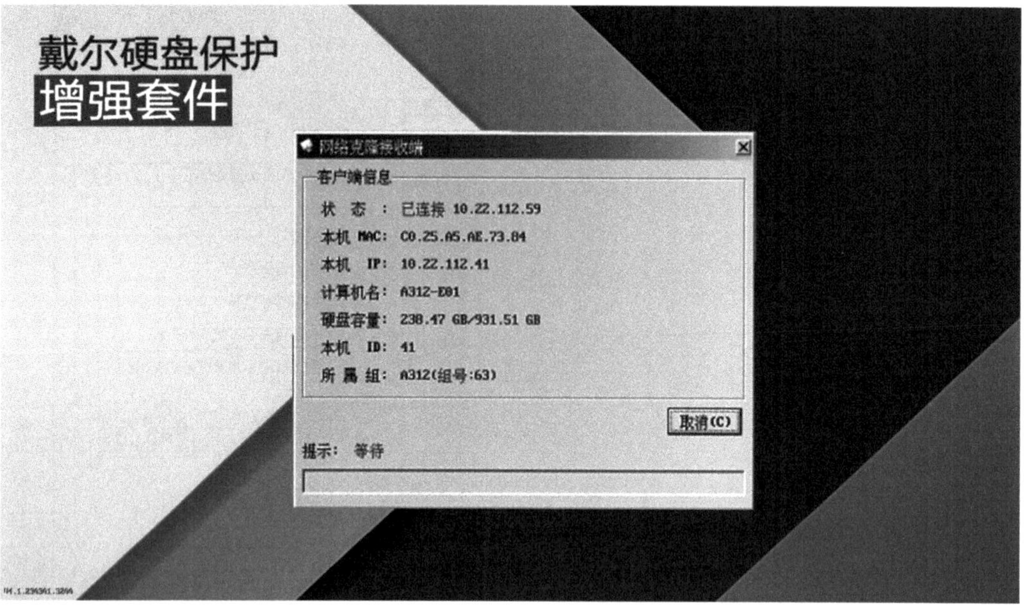

图 1-3-11 客户机登录界面

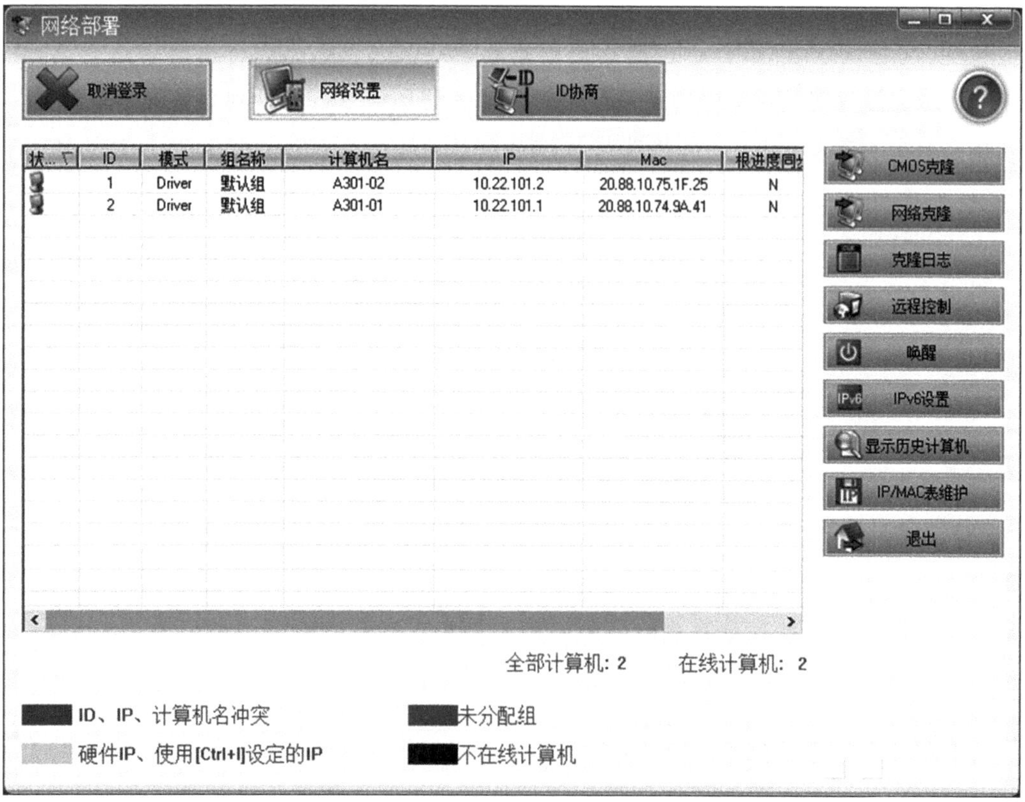

图 1-3-12 Driver 模式下发送端界面

在 Driver 模式下既可以进行参数克隆，也可以按操作系统克隆。当局域网中有机器参数发生变化时，需要对所有机器全部进行参数克隆，不能只克隆一部分，否则可能发生冲突。当所有机器全部连接到发送端时，选择“按操作系统克隆”选项，在选择还原点列表框中显示了当前发送端的操作系统、分区以及进度的详细情况。

当前系统中多个进度都要传输给客户机时，必须勾选“启用增量模式”，否则仅能选中一个进度。如果克隆完毕后需要关闭发送端，可以勾选“克隆结束后本机自动关机”。如果克隆完毕后需要关闭客户机，可以勾选“克隆结束后接收端自动关机”。该选项适合无人值守的克隆模式，下达克隆命令后，自动克隆系统，克隆完毕后自动关机，不再需要人工干预。设置好相关选项后，点击“确定”按钮，即可开始网络克隆，按操作系统克隆设置界面如图 1-3-13 所示。

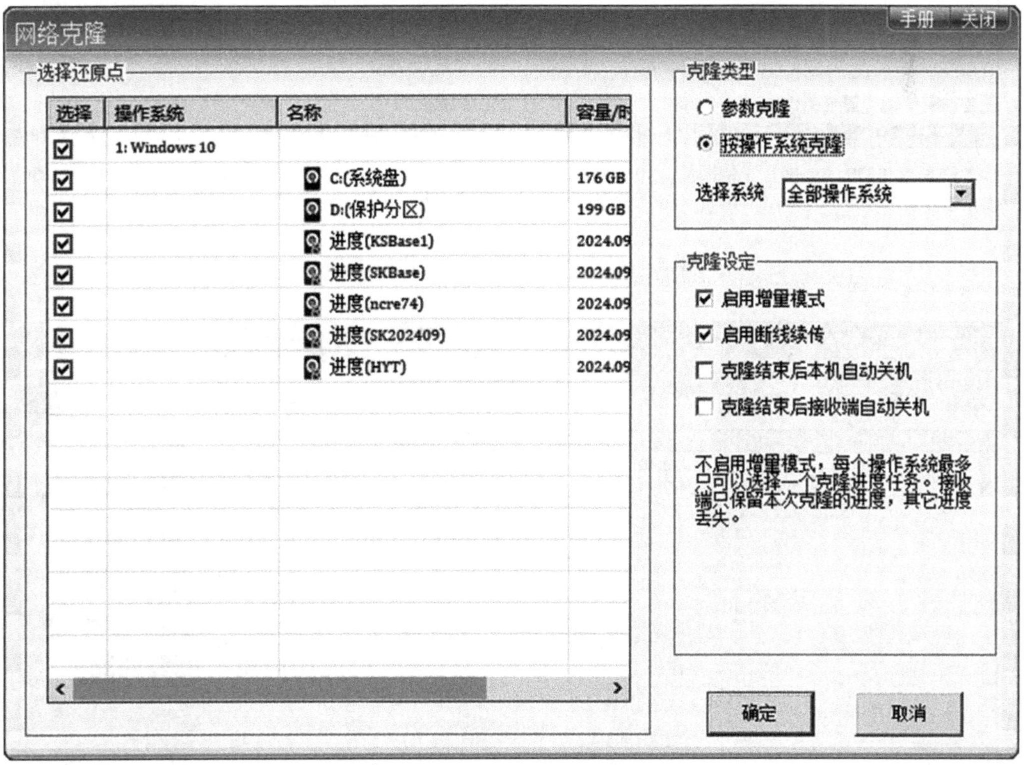

图 1-3-13　按操作系统克隆设置界面

网络克隆的速度和局域网速度有关，也与计算机的状态有关，有些主板处于关机状态时，其网卡处于 10 Mbps 工作状态，此时由于其接收能力差而导致交换机的流控模块动作。当克隆的广播数据流量大于 10 MB 时，交换机会抑制发送端口的流量而造成克隆速度异常缓慢。出现这种情况时，用户应该使用支持组播的交换机，并选择网络克隆使用 IP 组播协议。网络克隆界面如图 1-3-14、图 1-3-15 所示。

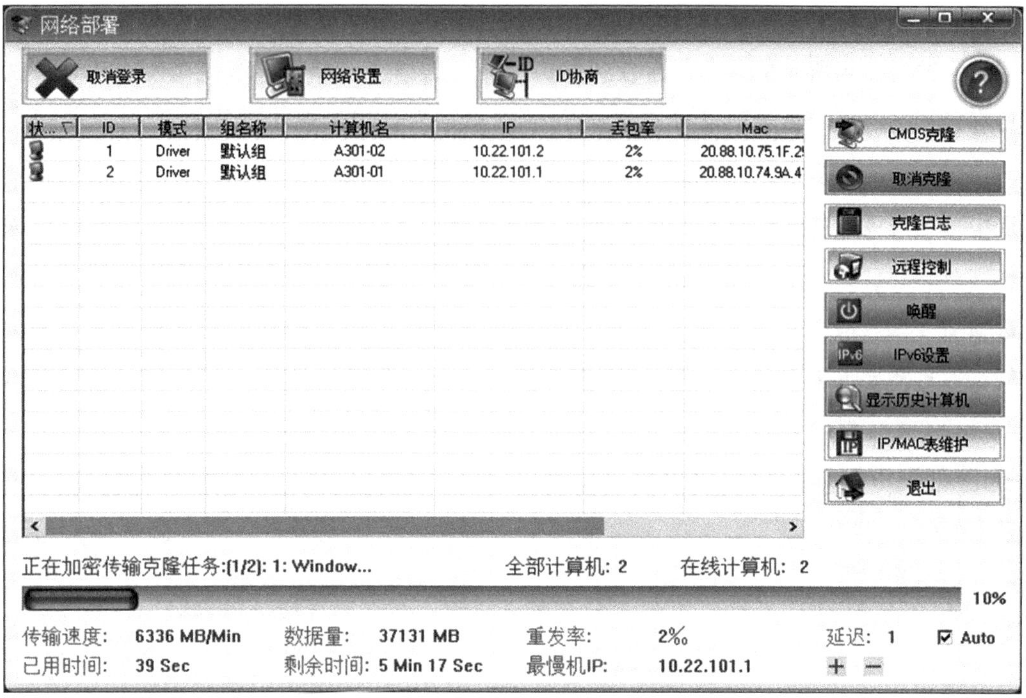

图 1-3-14　网络克隆界面（任务 1/2）

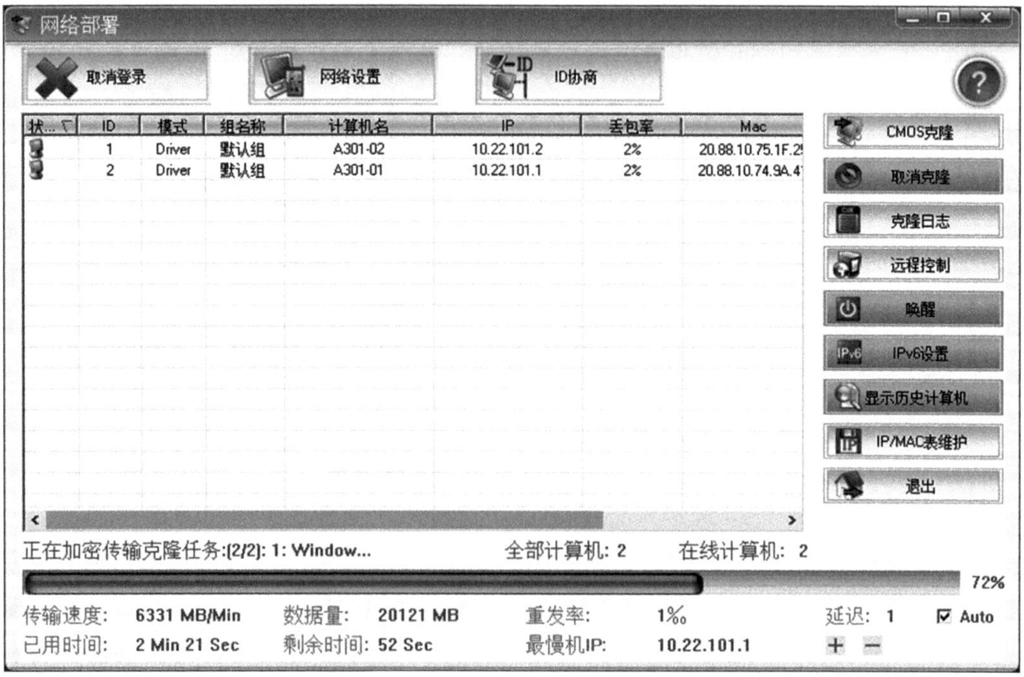

图 1-3-15　网络克隆界面（任务 2/2）

系统克隆完毕后，克隆前勾选了“克隆结束后本机自动关机”和“克隆结束后接收端自动关机”所有机器全部关闭，否则弹出对话框，询问是否立即重启客户端。

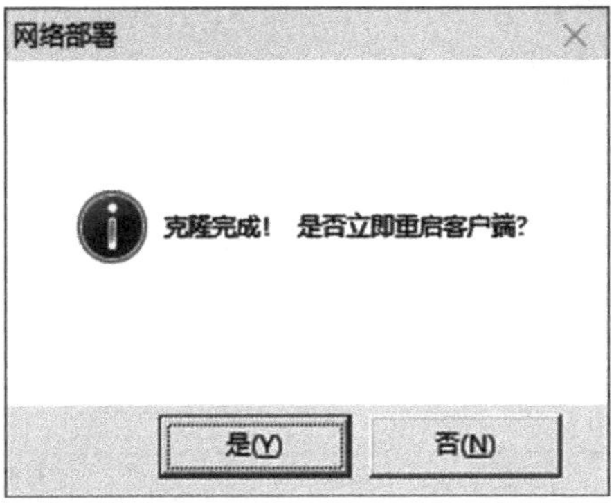

图 1-3-16　询问是否立即重启客户端对话框

第四节　多进度管理

进度也称为备份点，硬盘保护控制台可以为每个操作系统创建多个还原进度，并可对还原进度的使用做管理。在平时使用过程中，常常需要在多个应用场景中进行来回切换：为了完成某一实训项目或者进行某种考试，机房必须安装某些软件，而有时可能因为这些软件影响机器速度而希望卸载这些软件；在机房进行系统部署时，通常会安装一个“最小系统”，该系统中安装了常用的软件和组件：常用的输入法、.NET、VC 运行库和电子教室软件等，安装完毕后，将该进度进行保存，其他进度均在此基础上添加各种软件，比如考试系统、教学软件等。

安装所需要的软件后，登录硬盘保护控制台，再次右击任务栏的硬盘保护控制台图标，选择“进度管理”选项，进度管理操作界面如图 1-4-1 所示。该界面主要能设置还原方式、创建进度、恢复进度等操作。

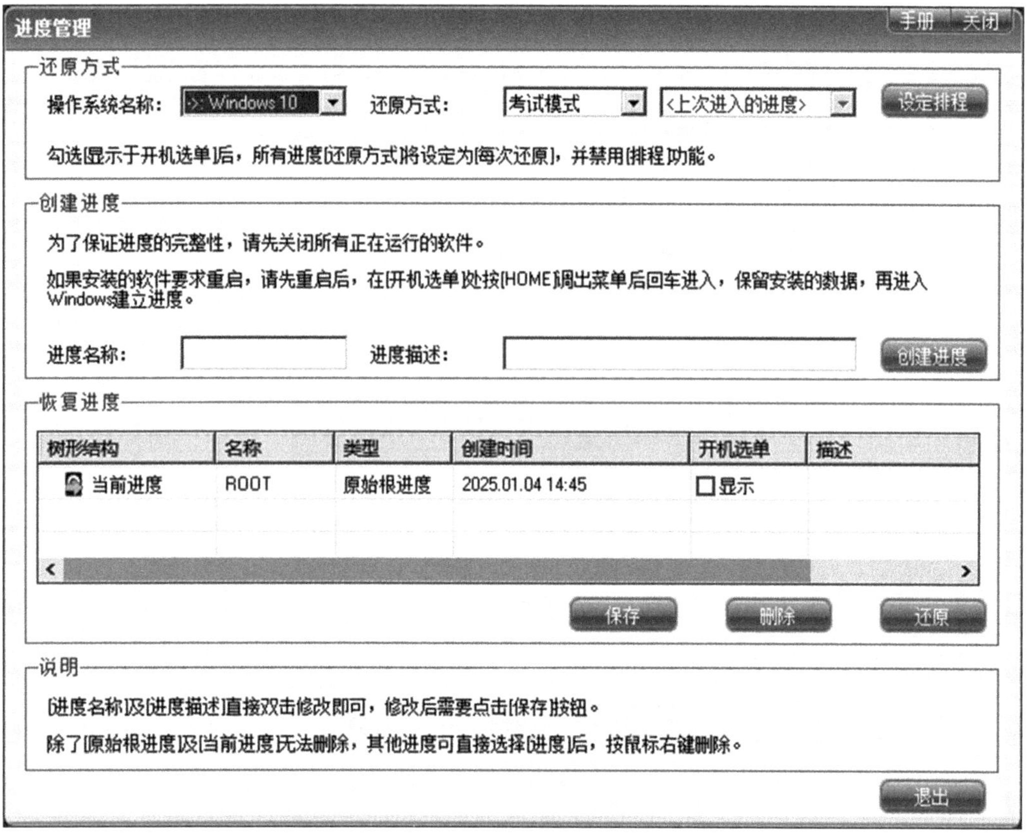

图 1-4-1　进度管理操作界面

1.4.1　创建进度

每个安装硬盘保护控制台的操作系统，都会自动建立一个“原始根进度 ROOT”，基于原始根进度，可以创建新的进度。比如在 ROOT 的基础上安装了新软件，需要把该进度保存下来时，在“创建进度”框中的“进度名称”栏输入进度名称，并在进度描述栏对该进度进行简单供述后，点击右侧的“创建进度”按钮，即可完成新进度的创建。新进度创建成功提示界面如图 1-4-2 所示。新进度创建完成后，在进度列表中可以看到，并且进度列表可以用树型方式显示，以表明各进度之间的关系。新创建的进度自动成为“当前进度”。如果要将其他进度作为当前进度，需要选中所需要的进度，选择还原即可，比如需要恢复到 ROOT 进度，选中 ROOT 进度，在 ROOT 进度上右击或者点击“还原”按钮，弹出恢复进度的确认提示，提示界面如图 1-4-3 所示。点击“确定”即可重新启动计算机，进入指定进度（ROOT 进度）。当系统有多个进度时，可以看到层次分明的树型结构，如图 1-4-4 所示。可以看到，当前系统在 ROOT 进度基础上创建了 KS 和 SK 两个进度，在 KS 进度基础上创建 NCRE、WSKS、LAW 三个进度，在 SK 进度基础上创建了 SK202409 进度。

图 1-4-2　进度创建成功界面

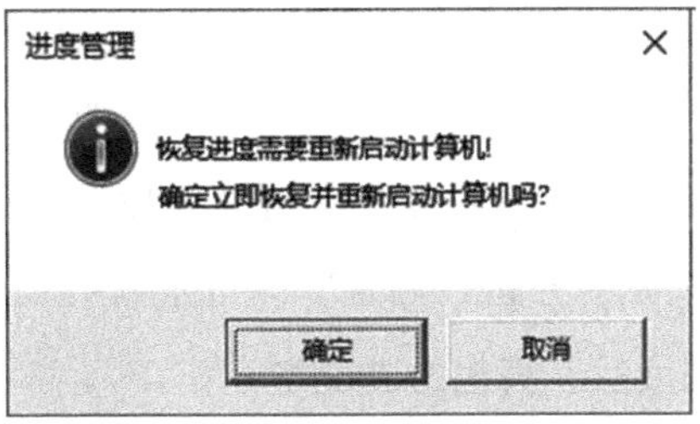

图 1-4-3　恢复进度确认界面

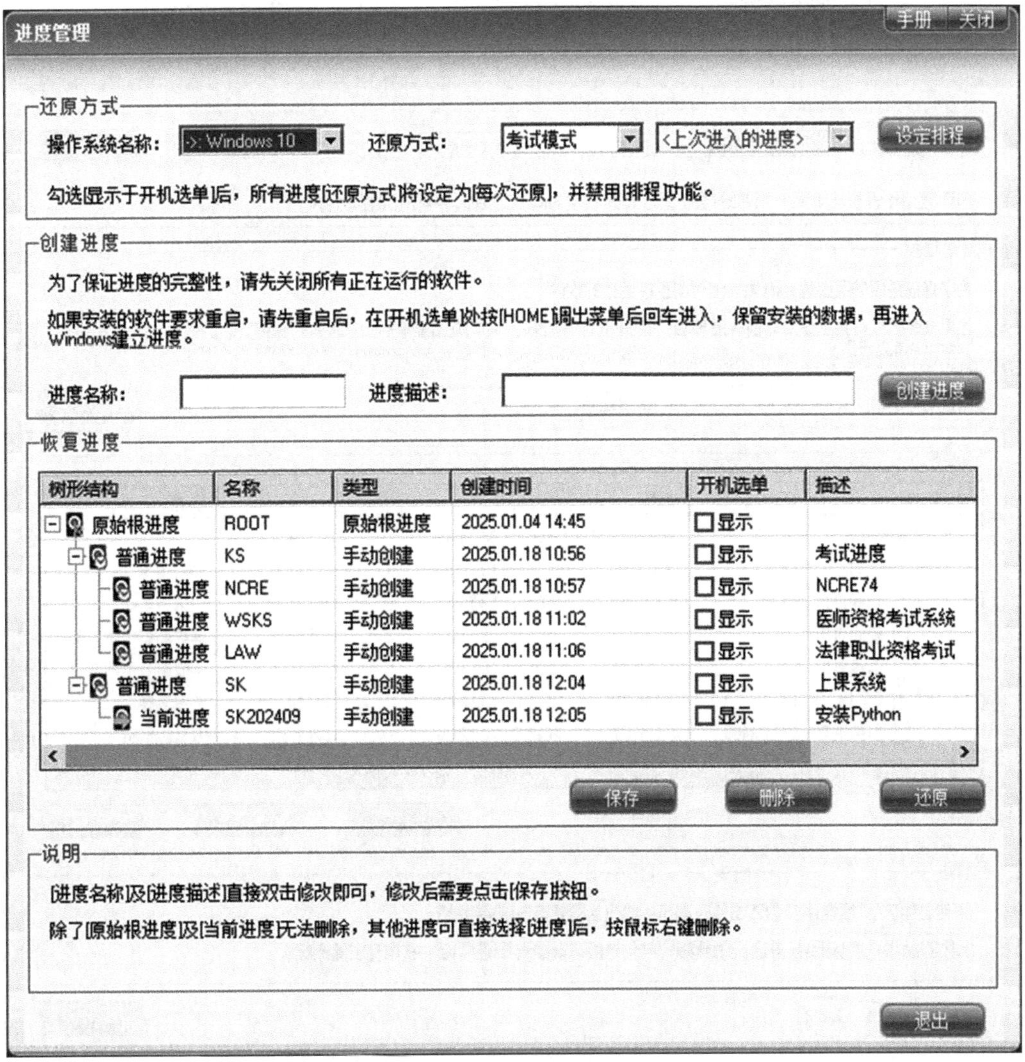

图 1-4-4　多进度树型方式显示界面

1.4.2 恢复进度

需要在多个进度中进行切换时，只需要选中所需要的进度，在该进度上右击或者点击下方的“还原”按钮即可，比如需要恢复到ROOT进度，选中ROOT进度，在ROOT进度上右击或者点击“还原”按钮，弹出恢复进度的确认提示，提示界面如图1-4-5所示。点击“确定”即可重新启动计算机，进入指定进度（ROOT进度）。进入指定进度后，其他的进度均存在。

如果勾选某些进度开机选单的“显示”选项，则在系统启动时的Pre-OS系统选单界面显示多个系统进度选项，以供用户选择，用户可以进入需要的进度。

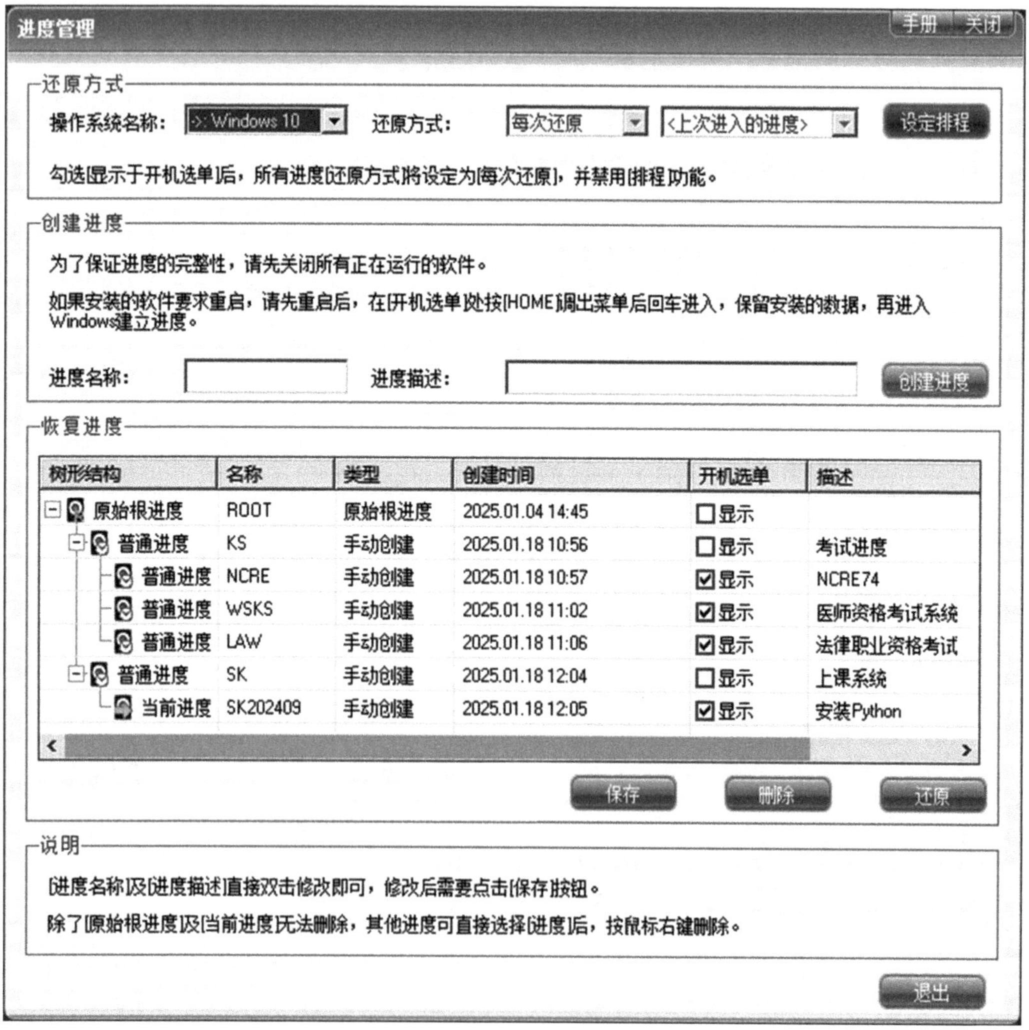

图1-4-5 勾选开机选单界面

勾选开机选单选项后，重新启动机器，如果开机选择系统的时间设置合适，可以选择操作系统后看到所需要的进度。Pre-OS 系统选单界面如图 1-4-6 所示。

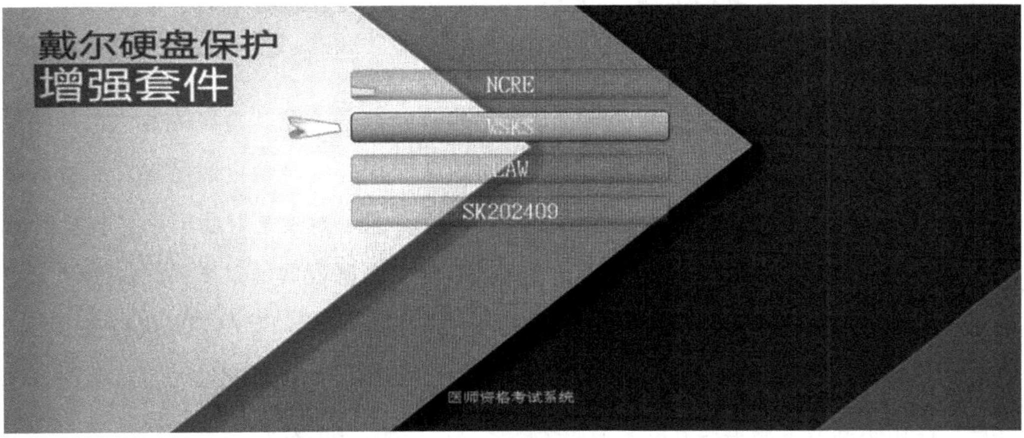

图 1-4-6 Pre-OS 系统选单界面

1.4.3 进度排程

在日常管理中，有时可能要求在不同的时间段进入不同的系统进度，比如每周三实验室安排课程需要名为 SK202409 的进度，其他时间的课程需要名为 SKBase 的进度，此时可以在进度管理界面中点击“设定排程”，可对进度做时间排程管理。设置界面如图 1-4-7 所示。设置好后，不需要管理员干预系统切换，开机后会自动进入设定的系统。总共可设定 5 个恢复进度排程，每个排程都处于同等地位，任何一个排程条件被满足，都会触发相应的恢复进程。但是进度排程只支持到周几，不能具体到几点几分。

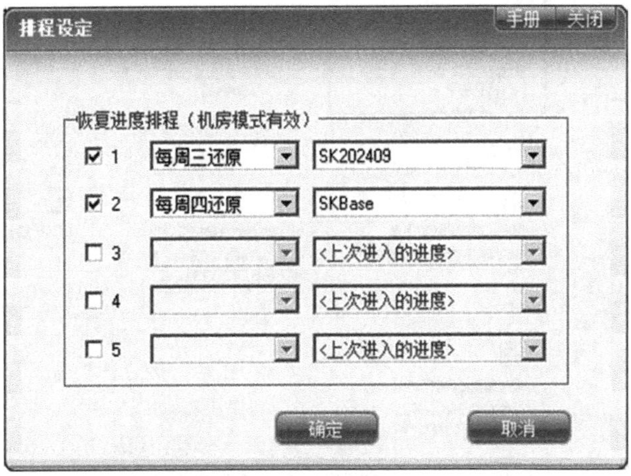

图 1-4-7 排程设定界面

第五节　国产系统安装方法

在全球化背景下，信息技术领域的安全问题日益凸显，尤其是在关键信息基础设施领域，一旦受到外部攻击或控制，将可能对国家安全、社会稳定和经济发展造成重大影响。因此，信创（信息技术应用创新）战略的实施，不仅是对我国信息技术产业的一次重大变革，更是对我国国家安全、社会稳定和经济发展的重要保障。它涵盖了从 IT 基础设施到基础软件、应用软件、信息安全等多个方面，旨在实现核心技术、产品、服务的自主可控和安全可靠。近年来，各种信创操作系统都相继面世，因此，掌握国产操作系统的安装也是有必要的。本文以银河麒麟系统为例。

国产系统的安装教程主要包括以下几个步骤：下载系统镜像、制作启动盘、安装系统、建立用户、进入系统等。

（1）下载系统镜像：首先，需要从官方网站下载国产系统的镜像文件，注意选择适合的版本（如桌面专业版、教育版等），同时需要根据国产机器的 CPU 平台选择合适的版本。银河麒麟的官方网址为：https：//www. kylinos. cn/，在其产品页面中找到桌面操作系统中的“银河麒麟桌面操作系统”，界面如图 1-5-1 所示。

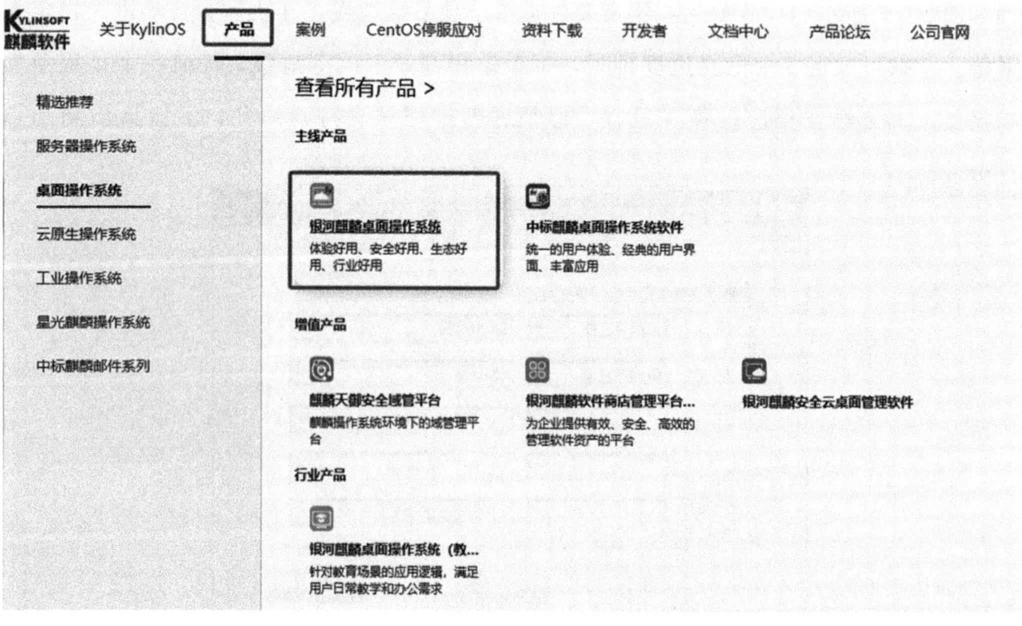

图 1-5-1　银河麒麟桌面操作系统界面

目前银河麒麟桌面操作系统为 V10 SP1，页面中对该系统有详细介绍，系统介绍首页如图 1-5-2 所示。

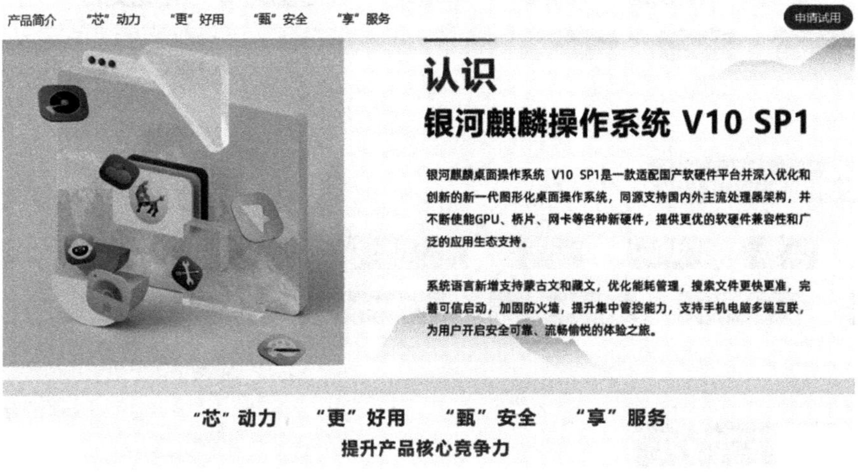

图 1-5-2　系统介绍首页

点击页面右上角的“申请试用”的链接，即可打开“产品试用申请”，申请界面如图 1-5-3 所示，填写申请人姓名、所在省份/地区、单位名称等相关信息后，即可进入安装包下载界面。软件下载界面如图 1-5-4 所示。受实验条件限制，目录暂时没有国产 PC 供实验，所以下载 INTEL 版操作系统。INTEL 版系统文件名为：Kylin-Desktop-V10-SP1-2403-HWE-Release-20240430-x86 _ 64. iso。

图 1-5-3　软件试用申请界面

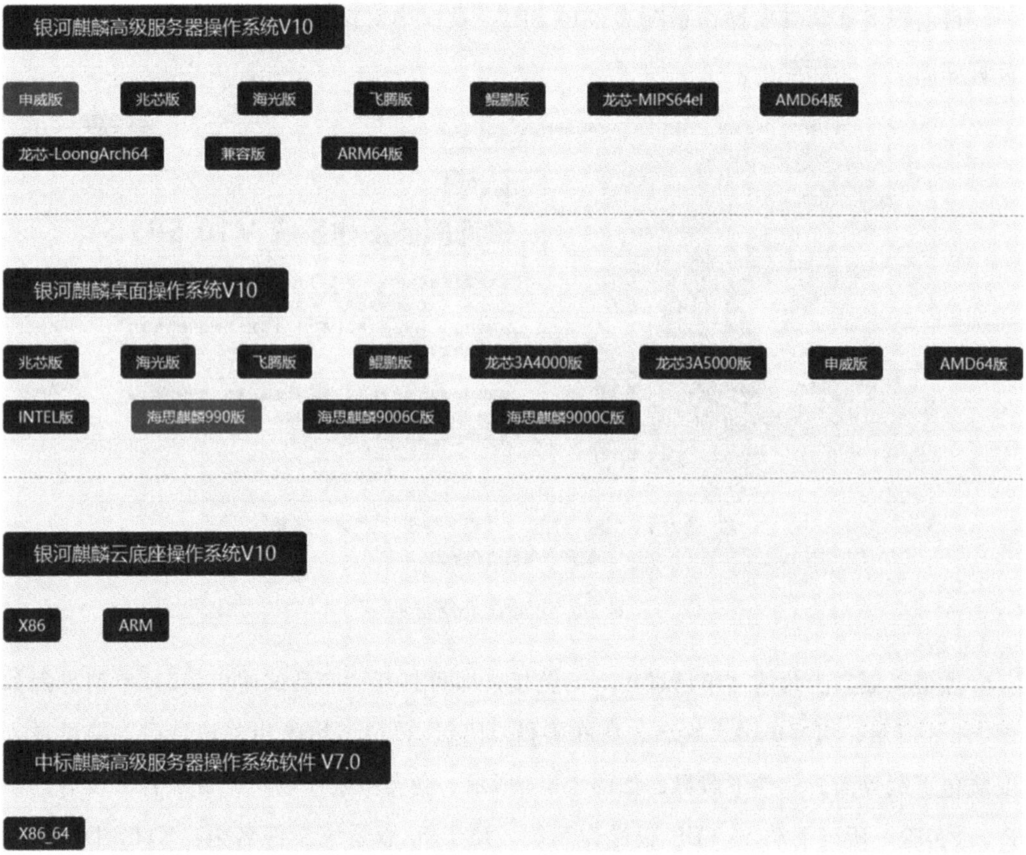

图 1-5-4　软件下载界面

（2）制作启动盘：系统镜像下载完成后，使用 Rufus 工具等刻录工具将镜像文件写入 U 盘或光盘。推荐使用 U 盘，因为 U 盘安装速度更快，并且可以反复使用。Rufus 是一款实用的自启动 U 盘制作工具，可以快速制作 Linux 系统或 Windows 启动盘。Rufus 具有以下主要特点和功能：

① 体积小巧且功能齐全：Rufus 的安装包大小仅为 1.5 MB，支持 32 位和 64 位操作系统，且完全免费。

② 免安装：下载后即可使用，无需安装过程，且支持多国语言界面，包括简体中文和繁体中文。

③ 支持多种映像文件格式：Rufus 支持 ISO 镜像、GPT 和 UEFI，适用于 Windows、DOS 和各种 Linux 发行版。

④ 兼容性高：Rufus 适用于 Windows 8 及更高版本的系统，并且支持 UEFI 和 GPT 格式的安装媒介。

⑤ 操作简便：用户界面简单，上手容易，且制作速度快，适合各种场景下的使用需求。

Rufus 使用方法比较简单，具体使用方法如下：

（1）下载 Rufus：从官方网站下载 Rufus 的可执行文件，根据系统类型选择合适的版本（标准版或便携版）。

（2）插入 U 盘：将 U 盘连接到电脑并确保数据已备份，因为制作启动盘会格式化 U 盘。

（3）启动 Rufus：运行下载的可执行文件，无需安装即可使用。

（4）选择映像文件：在 Rufus 中选择 ISO 镜像文件或其他映像文件，设置分区方案（GPT 或 MBR），并选择是否启用 UEFI。

Rufus 操作界面如图 1-5-5 所示。

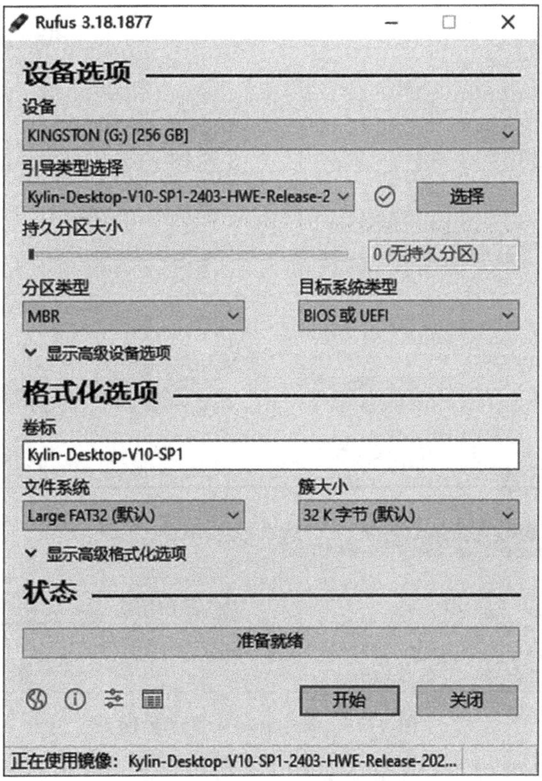

图 1-5-5　Rufus 操作界面

（5）开始制作：确认设置后，点击“开始”按钮，Rufus 会将 ISO 镜像文件写入 U 盘，并且会将 U 盘格式化，因此，在写入前会弹出警告提示，提示界面如图 1-5-6 所示，确定后 Rufus 会自动将映像文件写入 U 盘并创建启动盘。写入过程中会有进度条提示，Rufus 写入进度界面如图 1-5-7 所示，写入完毕后即可将 U 盘取出。

图 1-5-6　Rufus 的警告提示界面

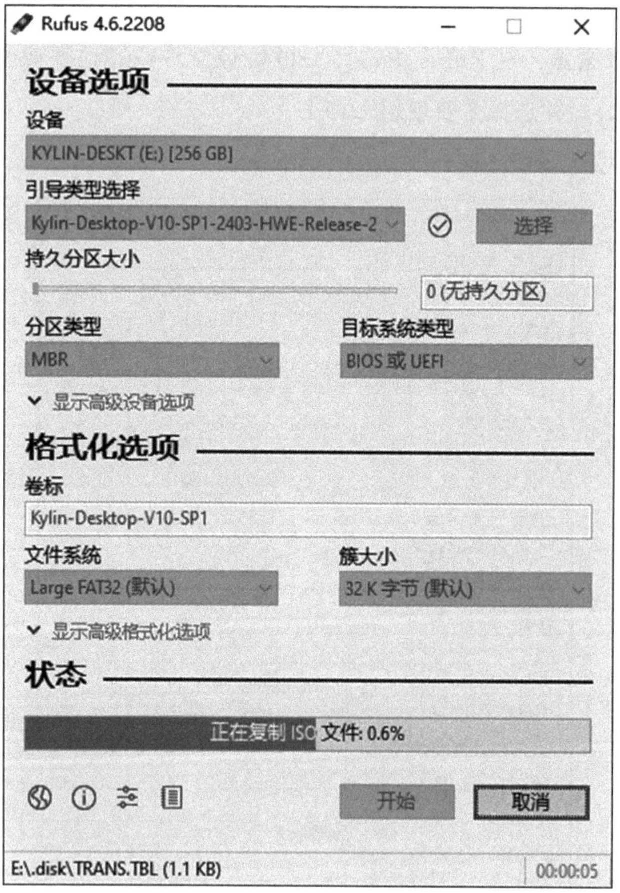

图 1-5-7　Rufus 写入进度界面

在系统安装前，需要对硬盘进行分区处理，以戴尔电脑为例，增加第二操作系统：登录戴尔硬盘监控器后，可以选择“分区或操作系统管理”选项，打开“分区管理”对话框，操作界面如图 1-5-8 所示。

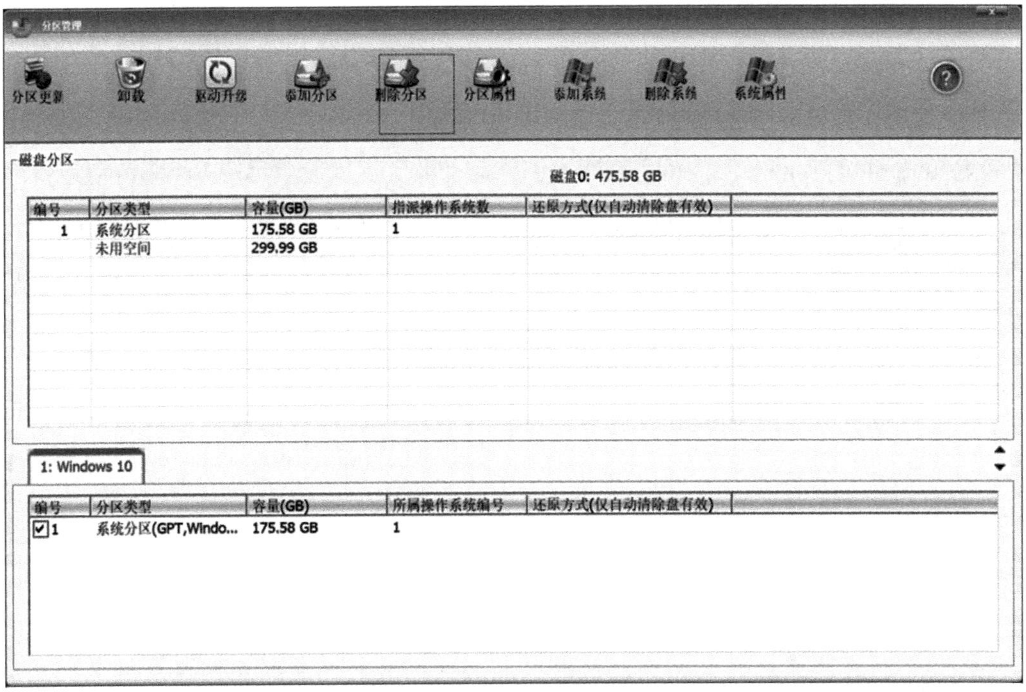

图 1-5-8　戴尔硬盘分区管理界面

点击“添加系统”，打开“选择操作系统类型”对话框，进行新系统的分区进行设置，包括操作系统显示名称、分区类型、系统类型、系统盘容量等，对话框界面如图 1-5-9 所示。

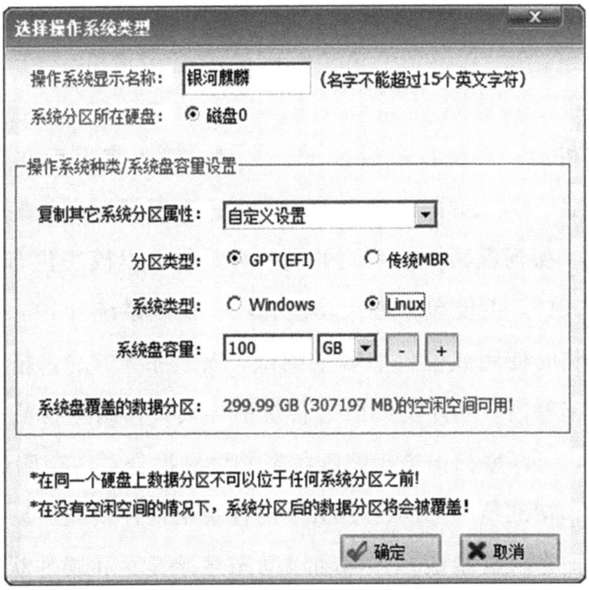

图 1-5-9　选择操作系统类型对话框

点击确定后，返回“分区管理”对话框，此时已经增加了第二个分区，下方增加了“银河麒麟”选项卡。点击左上角的“分区更新”按钮即可更新分区信息，并且要求重新启动计算机。分区管理界面如图 1-5-10 所示。

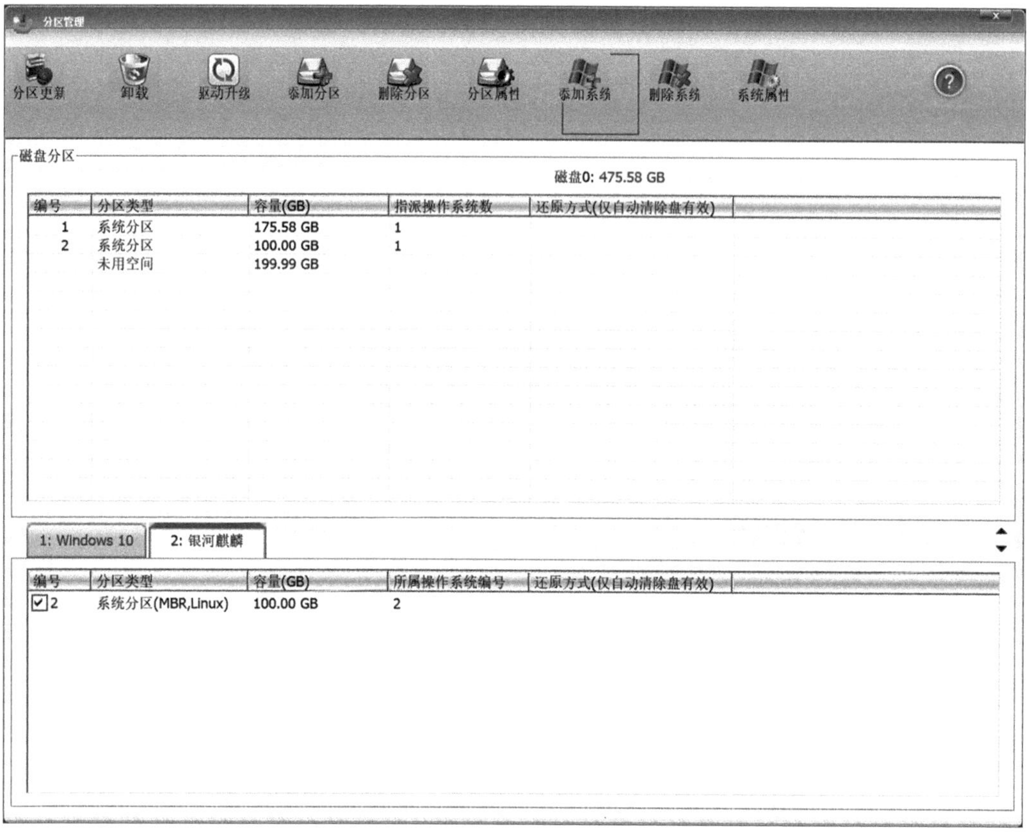

图 1-5-10　分区管理界面

重新启动计算机后，系统自检后按 Home 键，输入密码后在系统选择界面选中“银河麒麟”，按 Ctrl＋O，选择 U 盘启动，即可进入银河麒麟安装界面。安装启动界面如图 1-5-11 所示。银河麒麟操作系统的安装启动界面以模块化布局设计，为用户提供高效灵活的操作入口，主要包含五大功能选项：试用系统（T）：支持免安装体验完整桌面环境，便于临时使用或硬件兼容性测试；安装系统（I）：搭载智能硬件适配引擎，兼容龙芯、鲲鹏等国产芯片及 UEFI/传统引导模式；磁盘检测（C）：内置自主研发的存储诊断工具，可深度扫描磁盘健康状态并生成报告；内存测试（M）：集成强化版多线程测试模块，精准检测 DDR4/DDR5 内存稳定性；硬盘启动（B）：快速引导本地系统，支持国密加密磁盘验证。界面辅以动态悬浮提示和硬件状态实时显示，强化交互直观性，凸显其对国产化生态的深度优化与安全可控特性。选择“安装银河麒麟操作系统（I）”即可进入安装界面。

图 1-5-11　银河麒麟安装启动界面

进入安装界面后，首先需要选择语言，系统以网格化列表展示支持的语言选项，默认高亮“中文（简体）”并智能优先显示中文方言及少数民族语言（如藏语、维吾尔语等)，同时支持英文、法语等国际语言。用户可通过键盘方向键或鼠标滚轮快速浏览。选择语言界面如图 1-5-12 所示

图 1-5-12　选择语言界面

银河麒麟系统的阅读许可协议界面采用沉浸式全屏设计，主区域以清晰排版分段展示银河麒麟最终用户使用许可协议和隐私政策声明等内容，核心条款通过动态高亮与悬浮注释技术强化提示，重点标注国产化组件适配清单及开源许可证溯源信息。用户需要勾选“我已经阅读并同意协议条款”才能继续安装过程。阅读许可协议界面如图 1-5-13 所示。

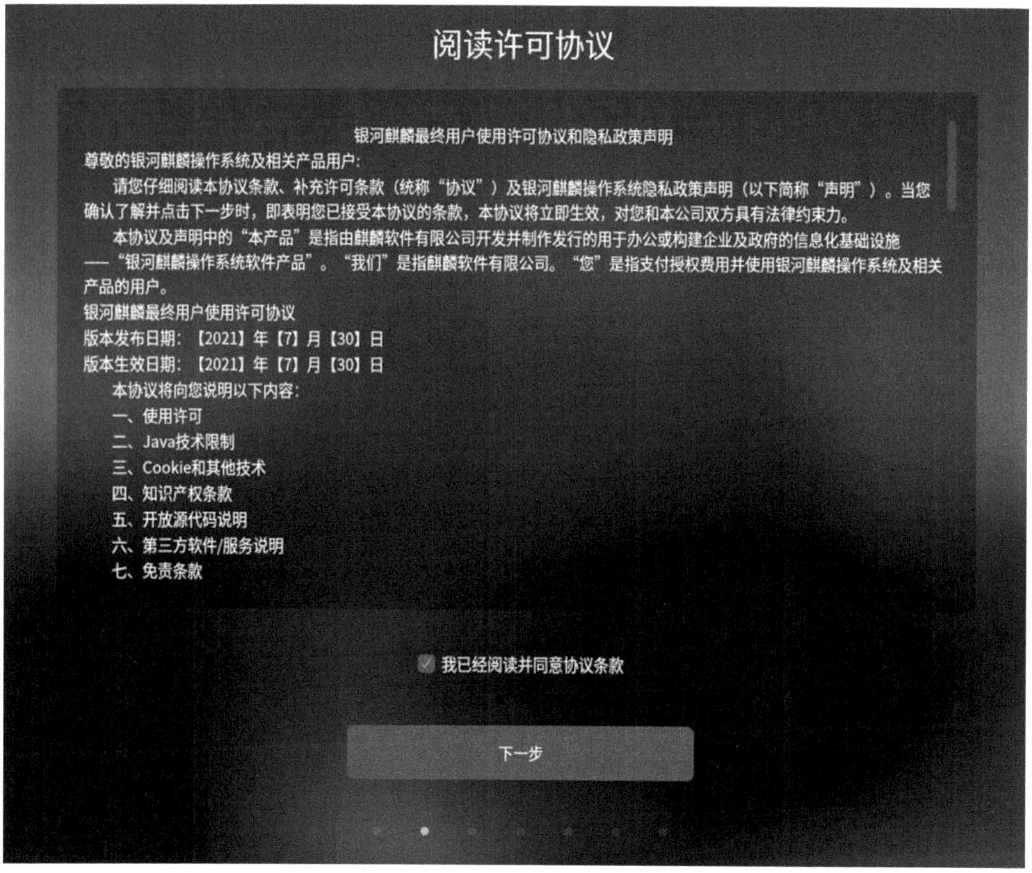

图 1-5-13　阅读许可协议界面

银河麒麟系统的选择时区界面以可视化交互为核心，采用世界地图与城市列表双模式设计：地图区域支持点击缩放定位，自动标注北京；列表模式按大洲分组，默认选择“（UTC＋08:00）北京”。

银河麒麟系统的安装途径选择界面采用双模块化设计，突出功能差异与适用场景。从 Live 安装：基于当前预启动环境（Live USB/CD）直接部署系统，保留用户临时配置与硬件检测结果，适合快速体验或迁移现有设置，支持安装过程中实时调试驱动。从 Ghost 安装：调用自主研发的镜像克隆引擎，可快速还原预配置的系统镜像

(.KYLIN_GHO 格式)，集成智能分区适配算法，自动对齐目标磁盘容量并保留国密加密分区结构，适用于企业批量部署或系统恢复。选择安装途径界面如图 1-5-14 所示。

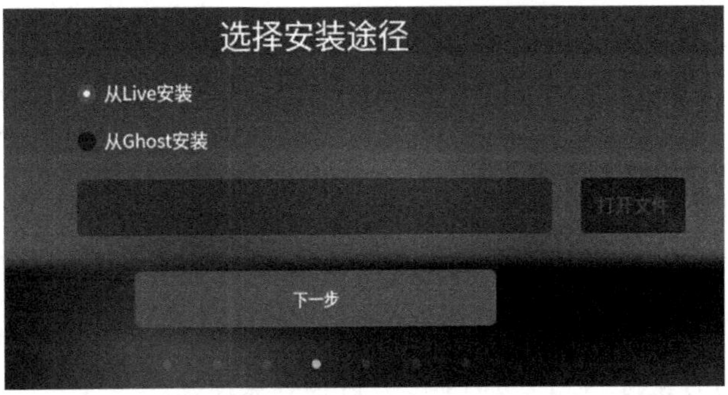

图 1-5-14　选择安装途径界面

银河麒麟系统的安装方式分全盘安装与自定义安装两大模式：全盘安装采用智能分区策略，自动识别 SSD/NVMe 等存储设备，一键擦除磁盘并构建国密加密的标准化分区结构（含/boot、/root 及交换分区），默认适配龙芯/鲲鹏硬件平台，适合快速部署或新手用户；自定义安装则开放高级分区编辑器，支持手动调整 LVM 逻辑卷、创建多系统引导入口，可自定义加密算法（如 SM4）及挂载点参数，同时提供"保留用户数据分区"选项，满足开发环境搭建或企业级存储方案定制需求。选择全盘安装方式界面如图 1-5-15 所示。

图 1-5-15　选择全盘安装方式界面

银河麒麟系统的自定义安装设置以灵活性与安全性并重为核心，用户进入高级模式后可进行以下关键配置：分区管理——使用图形化分区编辑器，支持手动创建/调整EXT4/Btrfs文件系统，可配置LVM逻辑卷、独立/home分区或加密交换分区，界面实时显示磁盘I/O性能与容量占比；国密加密——为指定分区启用SM4/SM9加密算法，支持TPM 2.0芯片绑定密钥，并提供应急解密U盘生成选项；引导定制——选择GRUB2或国产引导器（如KylinBoot），自定义UEFI安全启动证书，支持多系统共存引导路径配置；硬件适配——手动加载龙芯3A5000/鲲鹏920等国产芯片专用内核模块，或导入第三方显卡/网卡驱动；数据保留——勾选“保留指定分区”选项，避免误格式化数据盘，同时支持NTFS/FAT32分区挂载点预设。

界面集成风险预警系统，在敏感操作（如格式化主分区）前触发二次确认，并标注国产硬件兼容性标识（如“鲲鹏优化认证”），底部提供配置方案导出/导入功能，便于企业级批量部署。选择自定义安装方式界面如图1-5-16所示。

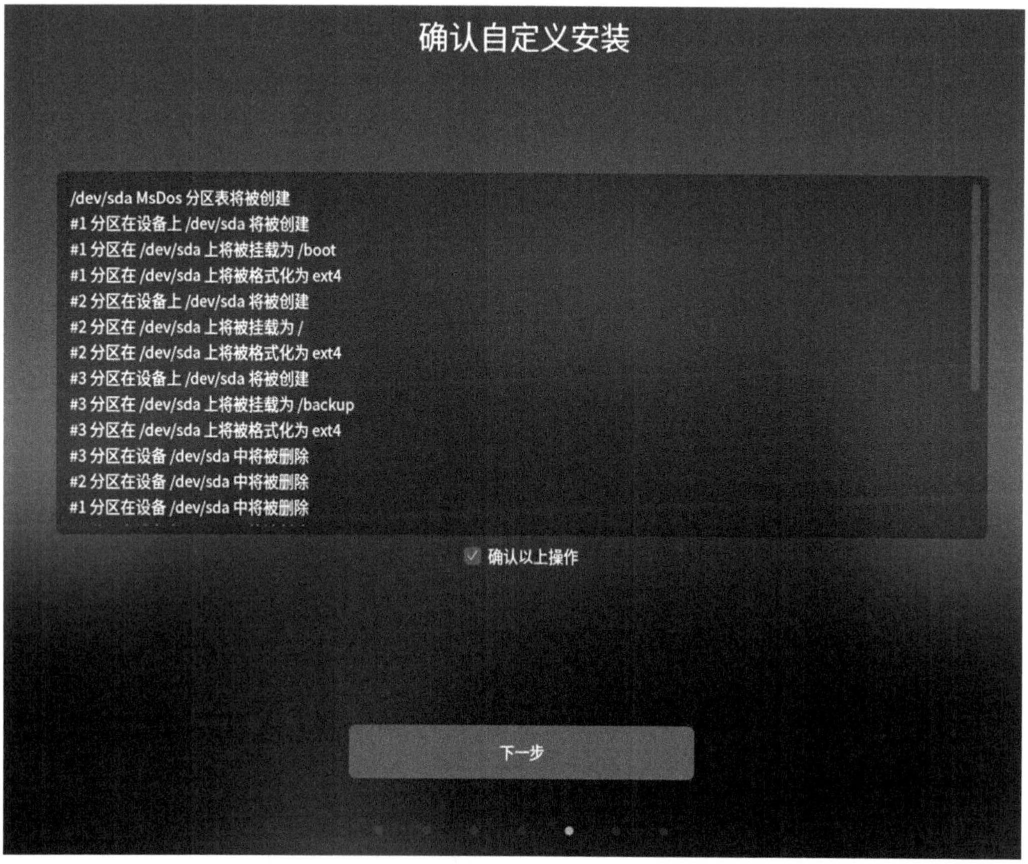

图1-5-16　选择自定义安装方式界面

银河麒麟系统的账户创建界面提供灵活部署选项，用户可在安装阶段自由选择。立即创建：直接配置本地账户，需设置符合等保 2.0 的密码（含大小写字母、数字及符号），强制启用 SM4 加密主目录，支持绑定 TPM 芯片或管理员权限分配。稍后创建：跳过当前步骤，系统首次启动时将自动进入账户初始化向导，允许通过 LDAP/AD 域认证、导入预置用户配置文件或连接企业身份管理平台，同时保留国密加密策略的强制启用。创建账户界面如图 1-5-17 所示。

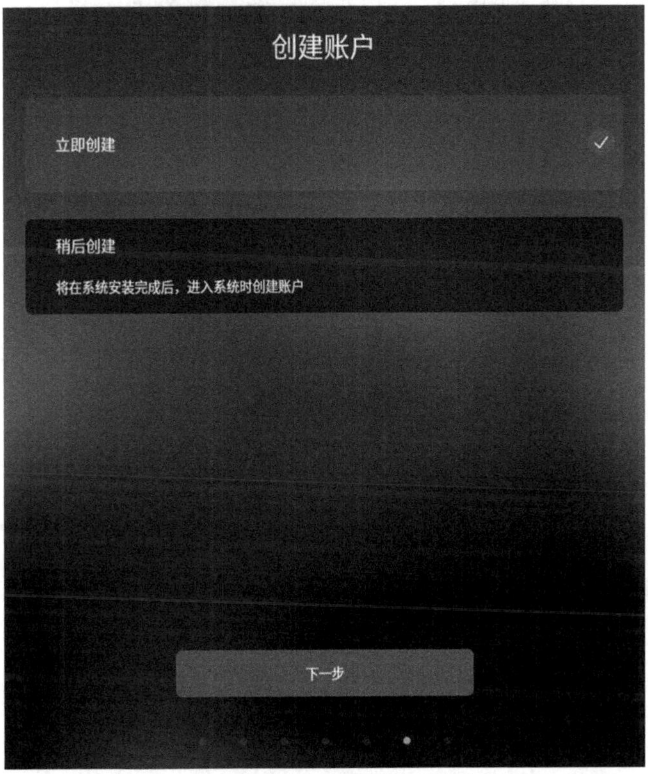

图 1-5-17 创建账户界面

银河麒麟系统的账户创建时需要输入用户名（支持中文输入，实时校验重复性及特殊字符合规性）、机器名（默认联动用户名生成，可手动编辑并自动过滤 RFC 标准非法字符）和密码，密码输入框嵌入动态密码强度检测模块——输入时同步显示彩色等级条（红/黄/绿三档）及复杂度建议（如“需包含大写字母”）；底部独立设置安全策略区，提供“开机自动登录”复选框（企业版默认隐藏并强制禁用），勾选时弹出警示框提示安全风险，同时标注 SM4 加密用户目录的默认启用状态。界面实时触发输入校验，非法操作时以浮动提示框引导修正，兼顾企业级安全规范与个人用户便捷性需求。创建用户界面如图 1-5-18 所示。

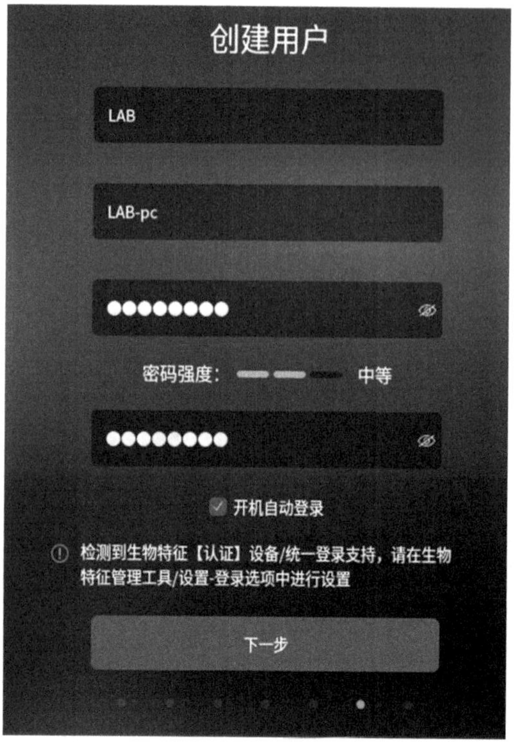

图 1-5-18 创建用户界面

银河麒麟系统的应用选择界面聚焦国产化生态与办公场景，预置三大核心软件：奇安信网神终端（集成等保 2.0 级终端防护，支持国密通信与威胁行为分析）、友虹版式阅读器（适配 OFD/PDF 等格式，内置公文批注与电子签章功能）、WPS 办公软件（深度优化龙芯/鲲鹏架构，兼容主流文档格式与协同编辑）。应用选择界面如图 1-5-19 所示。

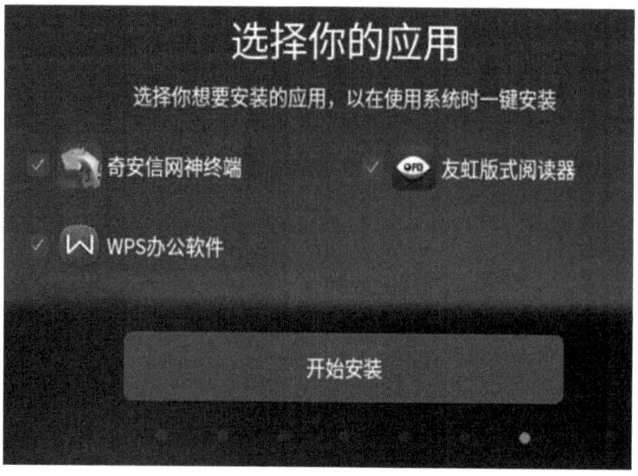

图 1-5-19 应用选择界面

点击开始安装按钮后，系统正式进入安装过程，银河麒麟系统的安装进程采用双视图并行设计，兼顾视觉体验与技术支持需求。个性展示界面以动态粒子动画为核心，实时渲染系统功能亮点（如国产芯片适配、国密加密模块），穿插银河麒麟徽标的立体化演绎及预装应用（如 WPS、国密浏览器）的悬浮预览，底部滚动显示当前安装阶段（如“正在部署安全子系统”）与硬件识别成果（如“龙芯 3A5000 CPU 已激活”），营造科技感与品牌辨识度。个性展示界面如图 1-5-20 所示。安装日志界面则采用分色代码显示详细操作记录。安装日志界面如图 1-5-21 所示。

图 1-5-20　个性展示界面

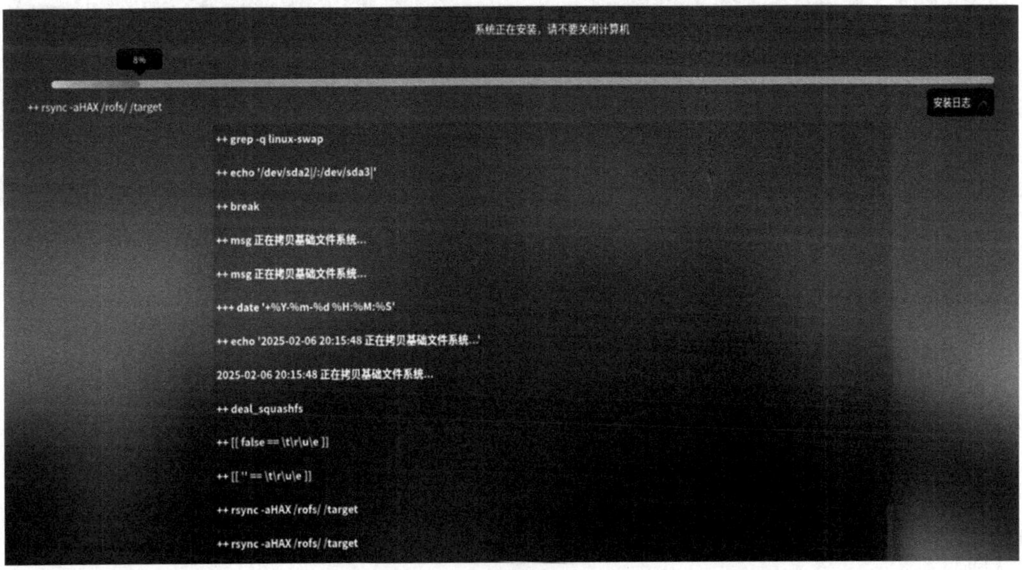

图 1-5-21　安装日志界面

安装完成后需要重新启动计算机，第一次使用系统前，系统自动进行初始化，然后进入桌面。系统初始化界面如图 1-5-22 所示，麒麟系统桌面如图 1-5-23 所示。

图 1-5-22　系统初始化界面

图 1-5-23　麒麟系统桌面

注意事项：

在安装过程中，确保备份重要数据，以免丢失。

国产系统的软件适配工作正在持续优化，但部分软件可能存在兼容性问题，建议先在试用期内使用和安装必要的软件。

国产系统的驱动和网卡驱动可能需要单独安装，特别是在系统崩溃或需要更换硬件时。

第六节　Windows 系统安装及优化

在对硬盘进行分区并格式化完成后，就可以开始安装操作系统。操作系统的版本有很多，用户可以根据自己的喜好来进行选择，但安装的步骤是类似的。

准备工作阶段的核心任务是获取安装文件和制作启动 U 盘。首先，需要准备一个容量不小于 8 GB 的 U 盘（制作过程会格式化它，请提前备份数据），并获取正版的 Windows 镜像文件（ISO 格式），可通过微软官网或 MSDN、TechBench 等可靠第三方下载。其次，推荐下载专门的工具软件来制作启动盘：Rufus（简单高效）或 Ventoy（适合创建多系统启动盘）。制作启动盘主要有两种方法：推荐使用 Rufus，插入 U 盘后运行软件，选择目标设备和下载好的 ISO 文件，根据目标电脑的启动模式（UEFI 选 GPT，传统 BIOS 选 MBR）设置分区类型，最后点击“开始”等待完成；或者，也可以使用微软官方的 Media Creation Tool，运行后选择“为另一台电脑创建安装介质”并按提示操作即可完成启动 U 盘的制作。

完成启动 U 盘制作后，将其插入目标电脑，开机时立即反复按特定快捷键（如 F2、Del 或 F12，具体按键因主板品牌而异）进入 BIOS/UEFI 设置界面。此阶段的核心是正确配置启动模式：对于现代电脑推荐使用 UEFI 模式（设置 Boot Mode 为 UEFI，并且为安装 Windows 11 必须确保 Secure Boot 处于 Enabled 状态）；若为较旧的电脑则需选择 Legacy BIOS/CSM 模式（设置 Boot Mode 为 Legacy 或 CSM，同时 Secure Boot 必须设为 Disabled）。接着，在启动选项（Boot Order/Priority）中将制作好的 U 盘调整为第一启动设备。最后，务必保存更改并退出（通常按 F10 键），电脑将自动重启并从 U 盘启动进入 Windows 安装程序。

当电脑成功从启动 U 盘引导后，将进入 Windows 安装界面。首先选择语言、时间和键盘布局，点击“下一步”后选择“现在安装”。随后输入您的正版产品密钥（如有），或选择“我没有产品密钥”稍后激活。接着选择要安装的 Windows 版本（如 Windows 10/11 专业版或家庭版）。最关键的是硬盘分区环节：对于新硬盘，点击“新建”并设置分区大小（建议系统 C 盘不小于 100 GB）后“应用”，安装程序将自动创建必要的系统分区（UEFI＋GPT 模式会创建 EFI 和 MSR 分区，Legacy＋MBR 模式则创建主分区）；若是旧硬盘重装，需先删除原有分区（注意：此操作将丢失该分区所有数据），然后新建主分区并选中它。完成分区后点击“下一步”，安装程序将自动复制文件、安装更新并多次重启（期间切勿拔出 U 盘），最终进入首次设置（OOBE）界面完成后续配置。

Windows 安装过程比较容易，按照提示逐步操作即可，安装完毕后，需要进行一系列优化，主要包括以下方面：

1.6.1 系统基础优化

1. 系统更新与驱动安装

本部分涉及确保系统补丁最新和设备驱动程序正确安装。首先，需要打开系统设置，进入“更新和安全”选项，然后访问“Windows Update”功能，检查并安装所有可用的更新。其次，对于硬件设备的驱动问题，应使用设备管理器进行排查，查找带有黄色感叹号标记的未正确安装驱动的设备。对于这些设备，可以选择手动安装其驱动程序，或者利用第三方工具如驱动精灵或 Driver Booster 来自动检测和更新驱动。最后，在特定场景下（例如测试环境），可以选择禁用系统的自动更新功能。这可以通过在具有管理员权限的 PowerShell 中执行两条命令来实现：第一条命令 Stop-Service -Name "wuauserv" -Force 用于强制停止 Windows 更新服务；第二条命令 Set-Service -Name "wuauserv" -StartupType Disabled 用于将该服务的启动类型设置为禁用，防止其自动运行。

2. 系统性能优化

此部分旨在通过调整系统设置提升运行速度和响应能力。优化主要包含三个方面：

(1) 视觉效果调整。通过右键点击“此电脑”，选择“属性”，进入“高级系统设置”，然后在“性能”区域点击“设置”按钮，在视觉效果选项中，可以选择“调整为最佳性能”以禁用所有非必要动画效果，或者手动关闭列表中的特定不必要的动画效果来获得性能提升。

(2) 电源计划调整。进入控制面板，打开“电源选项”，根据设备类型选择合适的电源计划。对于台式机，通常推荐选择“高性能”计划以获得最大性能，对于笔记本电脑，则建议选择“平衡”计划以兼顾性能和电池续航。

(3) 虚拟内存优化（适用于内存≤8 GB 的系统）。再次进入“高级系统设置”，在“性能”区域点击“设置”按钮，切换到“高级”选项卡，并在“虚拟内存”区域点击“更改”按钮。取消勾选“自动管理所有驱动器的分页文件大小”选项。然后，可以手动设置虚拟内存的大小。将“初始大小”设置为物理内存大小的 1.5 倍（例如，8 GB 内存对应 12288 MB）。将“最大值”设置为物理内存大小的 2 倍（例如，8 GB 内存对应 16384 MB）。设置完成后需要点击“设置”按钮并“确定”保存更改，通常需要重启生效。

1.6.2　安全优化

本部分着重于增强系统的安全防护能力，减少潜在的攻击面。

1. 账户与权限管理

账户与权限管理主要涉及降低特权账户风险。首先，为了防止针对默认管理员账户的暴力破解攻击，应禁用内置的 Administrator 账户。这可以通过在具有管理员权限的命令提示符或 PowerShell 中执行命令 net User Administrator/active：no 来实现。其次，为了遵循最小权限原则，避免日常操作使用管理员权限带来的风险，需要创建一个标准用户账户用于常规工作。创建标准用户可以使用命令 net User TestUser Password /add 完成（其中 TestUser 是用户名，Password 是密码，请替换为实际值），紧接着执行 net localgroup User TestUser /add 将该用户添加到标准用户组中。

2. Windows Defender 优化

Windows Defender 优化旨在平衡安全性与系统资源占用，特别适用于测试环境。首先，在特定测试场景下，若需暂时关闭实时监控功能以释放资源或避免干扰，可以在管理员权限的 PowerShell 中执行命令 Set-MpPreference -DisableRealtimeMonitoring $true。其次，为了减少常规扫描时的系统资源消耗，可以调整扫描策略，使其仅扫描关键区域。这同样在管理员 PowerShell 中通过执行命令 Set-MpPreference -ScanParameters 1 来实现。

1.6.3　启动项与服务优化

本部分旨在减少系统启动和运行时的非必要负载，提升启动速度和运行效率。

1. 禁用不必要的启动项

优化启动项主要通过两种途径。首先，使用系统内置的任务管理器进行操作，打开任务管理器，切换到“启动”选项卡，在此处识别并禁用那些随系统启动但不必要的应用程序（例如即时通信软件如 QQ、下载工具如迅雷等）。其次，为了进行更深层次的清理，建议使用微软官方工具 Autoruns。运行 Autoruns 后，它可以全面扫描并列出所有类型的自启动项（包括计划任务、浏览器插件、服务项等），用户可仔细检查并删除或禁用其中确认无用的条目。

2. **服务优化**

服务优化聚焦于停止并禁用特定场景下非必需的后台服务。首先，对于没有连接或使用打印机需求的系统，可以禁用 Print Spooler 服务。在管理员权限的 PowerShell 中，依次执行命令 Stop-Service -Name "Spooler" -Force 来立即停止该服务，然后执行 Set-Service -Name "Spooler" -StartupType Disabled 将其启动类型设置为禁用，防止其下次开机自动运行。其次，对于使用固态硬盘（SSD）的系统，传统的 Superfetch (SysMain) 服务带来的优化效果有限甚至可能增加不必要的读写，同样建议禁用。执行命令 Stop-Service- Name "SysMain" -Force 停止服务，再执行 Set-Service -Name "SysMain" -StartupType Disabled 将其禁用。

1.6.4 网络优化

本部分致力于提升网络连接的稳定性和传输效率。

1. **TCP/IP 参数调整**

TCP/IP 参数的调整可以优化网络性能。首先，为了提升网络吞吐量，可以优化 TCP 窗口自动调节级别。在管理员权限的命令提示符或 PowerShell 中执行命令 netsh int tcp set global autotuninglevel=restricted 实现此调整。其次，如果所处的网络环境完全不需要使用 IPv6 协议，禁用 IPv6 有助于简化网络栈并避免潜在的兼容性问题。在管理员 PowerShell 中执行命令 Get-NetAdapterBinding -ComponentID ms _ tcpip6 | Disable-NetAdapterBinding 即可在所有网络适配器上禁用 IPv6 绑定。

2. **DNS 优化**

DNS 优化有助于加速域名解析并提升可靠性。首先，将系统默认的 DNS 服务器更换为更快速或更可靠的公共 DNS 服务（例如 Cloudflare 的 1.1.1.1 或 Google 的 8.8.8.8）。在管理员 PowerShell 中，执行命令 Set-DnsClientServerAddress -InterfaceIndex(Get-NetAdapter). ifIndex -ServerAddresses（"1.1.1.1","8.8.8.8"）即可完成设置（括号内的地址可替换为其他公共 DNS 地址）。其次，在更改 DNS 服务器或遇到域名解析问题时，应刷新本地 DNS 解析器缓存。在命令提示符或 PowerShell 中执行命令 ipconfig/flushdns 即可实现。

1.6.5 存储优化

本部分专注于提升存储设备的性能和寿命，特别是针对固态硬盘（SSD）。

1. SSD 优化

针对 SSD 的特性进行优化至关重要。首先，启用 TRIM 指令是维护 SSD 性能和延长其使用寿命的关键操作。在管理员权限的命令提示符或 PowerShell 中执行命令 fsutil behavior set DisableDeleteNotify 0 即可启用 TRIM（将值设为 0 表示启用）。其次，传统的磁盘碎片整理对 SSD 不仅无效，反而会带来不必要的写入损耗，应禁用其自动计划任务。在管理员 PowerShell 中执行命令 Disable-ScheduledTask -TaskName" \ Microsoft \ Windows \ Defrag \ ScheduledDefrag"来禁用自动碎片整理计划。

2. 文件系统优化

文件系统层面的优化可以减少不必要的磁盘操作。首先，禁用对旧式 8.3 格式文件名（短文件名）的支持，可以提升 NTFS 文件系统的性能并减少存储空间占用。在管理员命令提示符或 PowerShell 中执行命令 fsutil behavior set disable8dot3 1 来实现（值设为 1 表示禁用）。其次，禁用记录文件最后访问时间戳的功能，可以减少系统对存储设备的写入次数。执行命令 fsutil behavior set disablelastaccess 1 即可禁用此功能（值设为 1 表示禁用）。

第二章 基于联想智能云教室的系统部署

联想智能云教室是一款基于云计算和虚拟化技术打造的一体化智慧教育解决方案，专为教育机构设计，旨在优化教学环境、提升管理效率并支持灵活的教学模式。是利用强大的硬盘虚拟技术、P2P部署技术和广播部署技术，针对大规模计算机的系统自动部署、集中统一管理等量身定制的一款部署软件。采用分组和虚拟硬盘模板的管理策略，用一台服务器对所有机房计算机进行集中管理和统一维护。通过一台服务器实现对几十台至上千台计算机终端的管理，快速构建一个高效、安全、统一的计算机教学实验管理平台。

联想智能云教室具有强大快速的自动部署能力，系统完全部署后，终端计算机可以断网离线或脱离服务器运行，实现“在线管理、离线运行”，最大限度满足客户需要。支持“跨网段跨路由”运行，单组最多支持254台终端计算机，最大限度适用用户的现状和需求。

联想智能云教室具有以下功能特色：

镜像管理：所有的系统分区镜像均存储在服务器数据库中，根据实际需要配置到相应的磁盘。

磁盘管理：为各组在服务器上创建一个虚拟磁盘，通过对该磁盘的设置实现所有终端硬盘的集中统一管理。

分组管理：将所有客户机依据不同类型划分为不同的组，由联想智能云教室进行集中统一管理。

智能部署：所有客户端开机即可使用，联想智能云教室在后台自动进行部署或更新。机房维护无须停课，方便教学。

断网使用：联想智能云教室的智能部署是把数据真实地写入客户端本地硬盘，部署完成后，便可脱离服务器或网络，实现本地运行。

多重引导：可部署多个系统到客户端实现一机多用，以满足不同的教学和办公需要。

保护还原：客户端具备硬盘分区的保护还原功能。

IP 地址自动修改：系统部署完成后，IP 地址及计算机名称按预设自动调整，无须逐台修改。

远程管理：可远程登录服务器进行各组或终端的管理；如进行系统部署和更新、强制本地系统还原、远程关机、网络唤醒等。

跨网段部署：客户端与服务器端不在同一个网段中，可以进行系统连接及部署。

第一节　联想智能云教室服务端安装

联想智能云教室系统需在指定联想商用设备（含服务器、客户端及云终端）上部署，实施前须通过官网或热线验证硬件的兼容性。服务器端建议采用 Windows Server 系统并关闭硬盘休眠，客户端需配置专用电源管理和虚拟化支持，通过千兆网络环境搭建后，使用官方镜像完成服务器组件安装与客户端 PXE 部署，部署后需进行压力测试和外设兼容性验证，运行期间需保持网络稳定。

联想智能云教室软件可以从随机光盘中获取，也可以从官网下载，先打开 Lenovo 驱动下载主页（http：//support. lenovo. com. cn），在上方搜索框内输入产品型号或者编号，打开该产品对应的驱动下载页面，找到“联想智能云教室”软件并下载软件安装包，以启天 M422 为例，输入“启天 M422”后，点击驱动下载，可以在“应用程序”下找到“联想智能云教室（此软件仅能安装在经过授权的机器上）”，点击下载按钮即可下载名为 EDU _ Cloud. zip 的压缩包，联想智能云教室下载界面如图 2-1-1 所示。

图 2-1-1　联想智能云教室下载界面

安装包解压后，运行安装程序“联想智能云教室 _ V1.3.20.1109 _ C201105.EXE”，该安装包包含有服务端和客户端安装程序，联想智能云教室系统安装界面如图 2-1-2 所示。

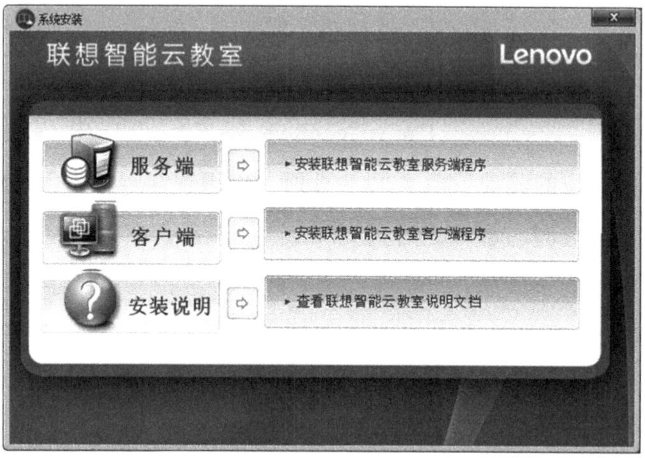

图 2-1-2　联想智能云教室系统安装界面

点击“服务端”，即可安装联想智能云教室服务端程序，服务端安装向导界面如图 2-1-3 所示。

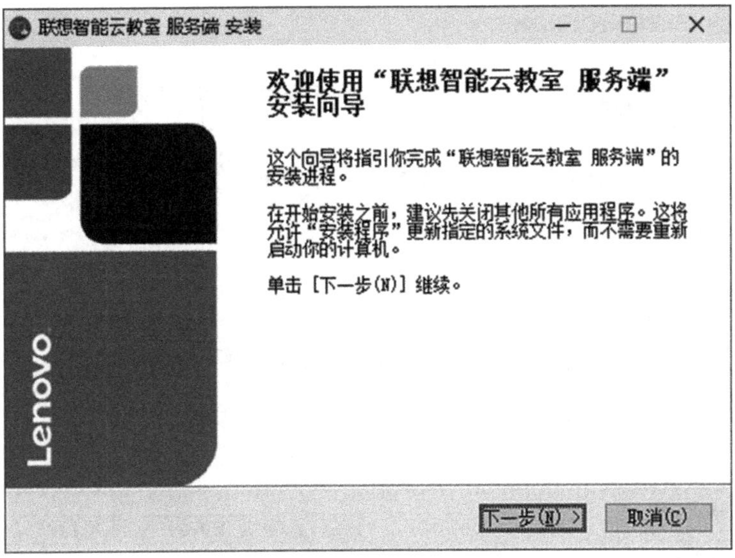

图 2-1-3 服务端安装向导界面

单击下一步，进入用户许可协议界面，选择接受许可证协议中的条款，并单击下一步，许可证协议界面如图 2-1-4 所示。

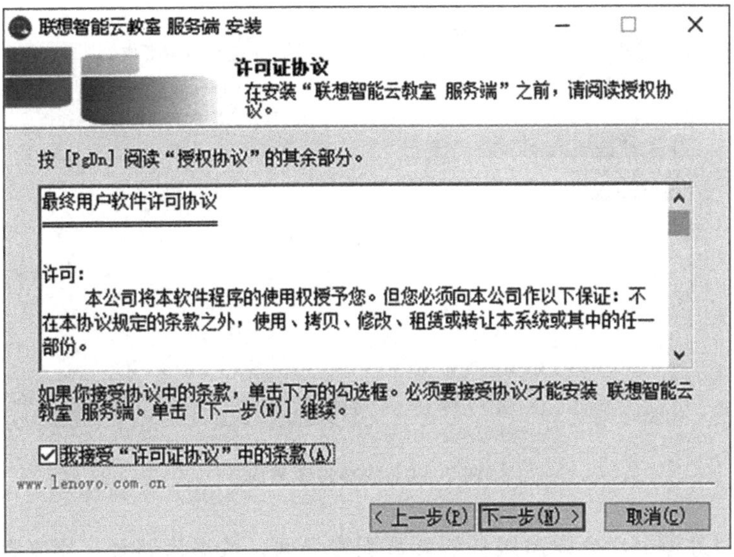

图 2-1-4 许可证协议界面

在弹出的界面中可以选择安装位置，默认安装位置为"C：\ Program Files(x86) \ Lenovo \ 联想智能云教室服务端"，建议使用默认位置，单击安装即可。选择安装位置界面如图 2-1-5 所示。

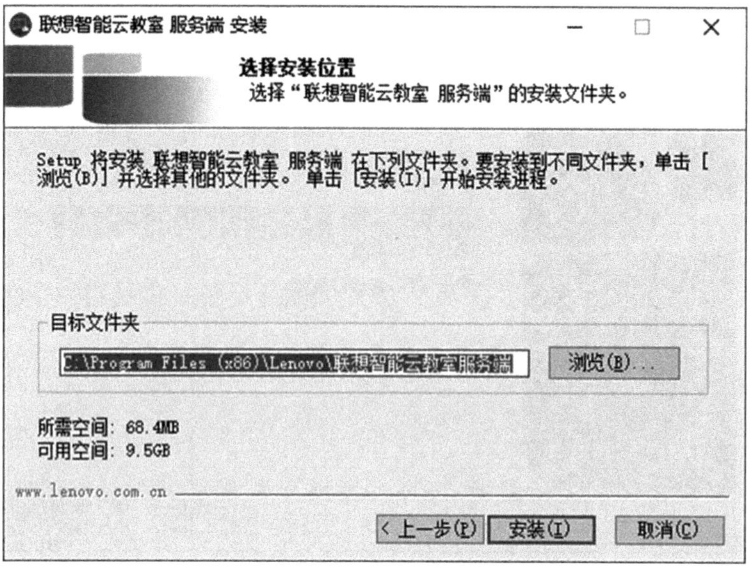

图 2-1-5　选择安装位置界面

点击安装后，自动进入安装过程，安装过程界面如图 2-1-6 所示。

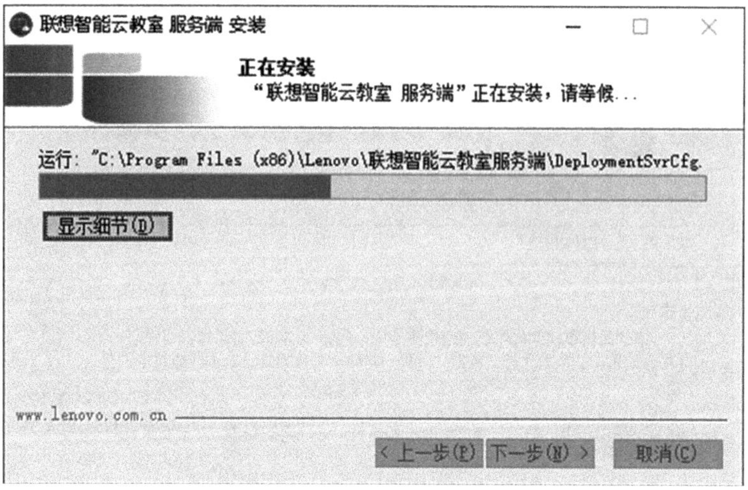

图 2-1-6　安装过程界面

在安装的过程中，会弹出服务器参数配置界面，数据库路径：用来存放客户端机器数据、镜像及快照，初次安装时软件默认的数据库路径为“C：\ Program Files (x86) \ Lenovo \ 联想智能云教室服务端 \ LENOVODB”；服务器的 IP 地址：服务器端软件所安装的机器操作系统 IP 地址，初次安装时软件会自动读取系统的 IP 地址（软件需要系统 IP 地址必须是静态地址，不支持动态获取）；管理员账户名称：管理员账户名称默认为 admin，可修改（注意：请勿输入特殊字符，如：/ \ * ? " ：| ＜＞

等)；管理员账户密码：联想智能云教室服务器的管理员密码，管理员密码只能使用 26 个英文字母、数字及其组合。参数配置界面如图 2-1-7 所示。

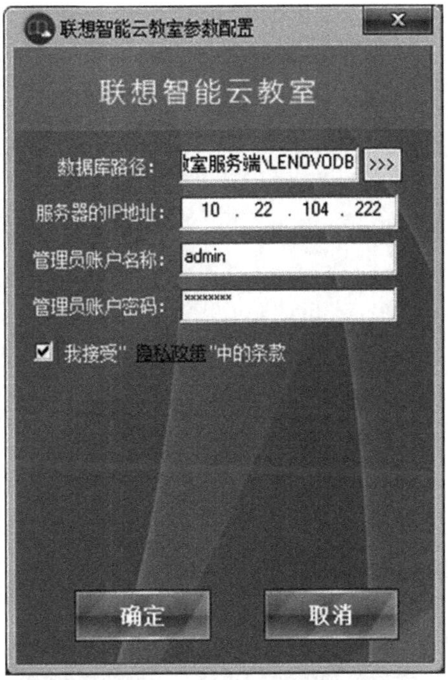

图 2-1-7　参数配置界面

配置完系统参数后，单击“确定”，再次进行文件拷贝，全部完成后，弹出完成对话框，安装完成界面如图 2-1-8 所示。

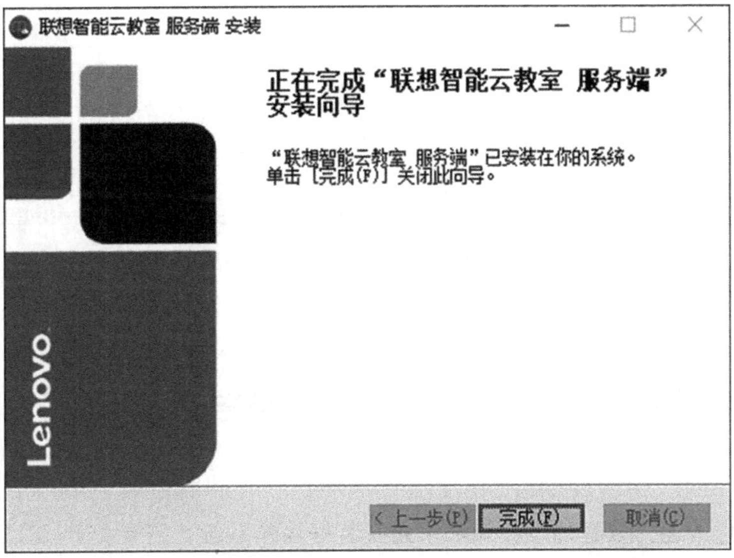

图 2-1-8　安装完成界面

单击完成，即完成联想智能云教室服务器端软件的安装。安装完成后，选择“开始→所有程序→Lenovo→联想智能云教室控制台”，就可以打开登录控制台对话框。登录控制台对话框如图 2-1-9 所示。

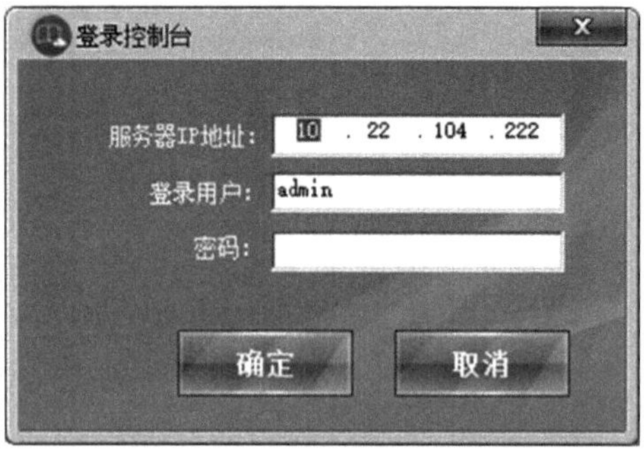

图 2-1-9　登录控制台对话框

在登录控制台密码框中输入管理员密码，点击“确定”按钮即可打开服务端控制台，服务端启动界面如图 2-1-10 所示。

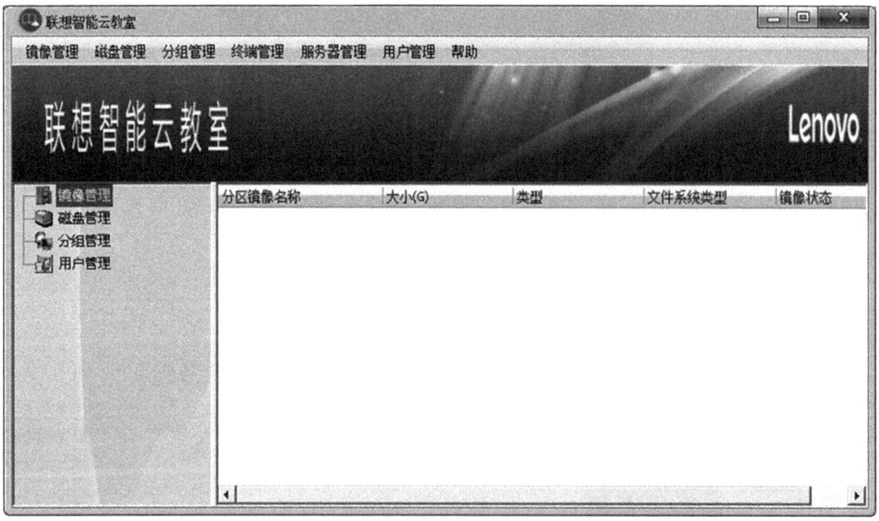

图 2-1-10　服务端启动界面

第二节　联想智能云教室客户端安装

安装联想智能云教室的客户端必须先安装好操作系统，需要打开 IE11 选择“使用推荐的安全性、隐私和兼容性设置”或“不使用推荐设置”并确定。在此基础上进行联想智能云教室客户端的安装，联想智能云教室的服务端和客户端安装包在同一个文件中，运行安装程序后，弹出系统安装界面。系统安装界面如图 2-2-1 所示。

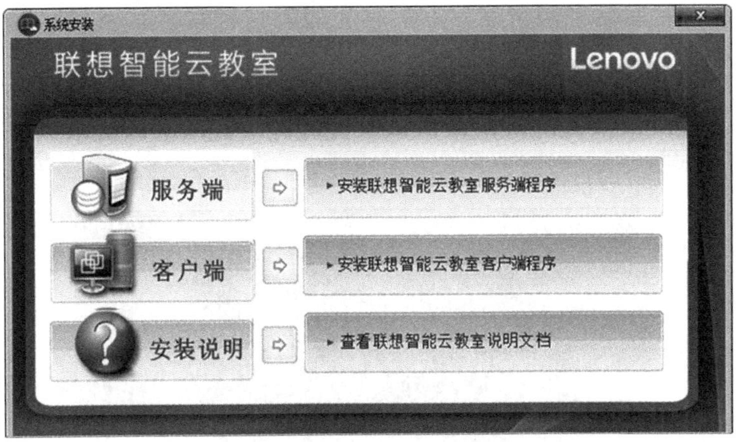

图 2-2-1　系统安装界面

点击“客户端”按钮，弹出系统优化提示对话框，系统安装在机械硬盘，要求在部署联想智能云教室前先进行 Windows 系统优化数据存储方式，避免部署后系统启动时间过长。具体优化步骤为：首先，右键点击开始菜单选择“电源选项”，在弹出窗口中分别将“屏幕关闭”和“睡眠”的时间设置为“从不”，保存设置后立即重启操作系统。随后，系统重启进入桌面后保持完全静置状态（不操作键盘、鼠标）30 分钟，此过程允许后台自动完成驱动安装和系统更新，静置结束后再次重启计算机以确保所有更新生效。最后，重新登录系统后，即可开始安装“联想智能云教室”客户端软件，点击“继续安装”。系统优化提示对话框如图 2-2-2 所示。

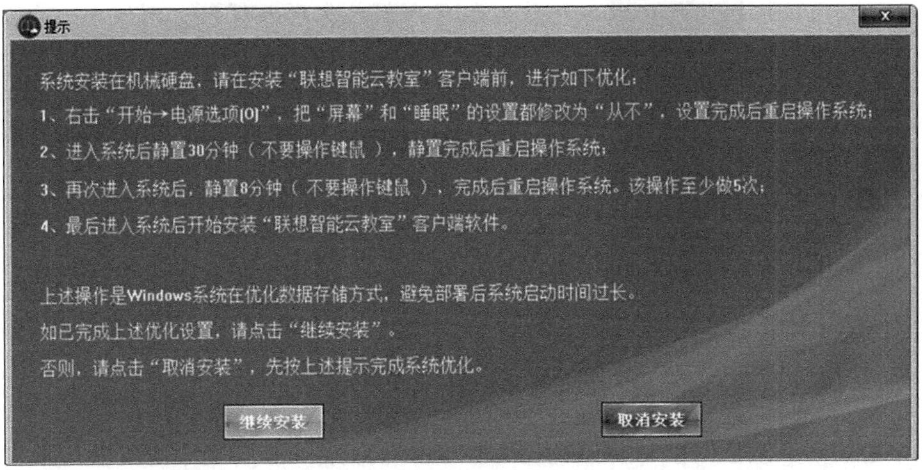

图 2-2-2　系统优化提示对话框

为确保软件稳定运行，系统将在安装过程中自动执行以下关键配置：（1）永久关闭休眠功能以释放磁盘空间并避免睡眠状态冲突。（2）禁用快速启动功能（Fast Startup）确保彻底关机防止驱动加载异常。（3）停止自动时间同步服务防止网络时间协议（NTP）干扰进程调度。安装完成后，请用户切勿手动重新启用上述功能，否则可能导致资源争用、数据不同步或软件运行中断，影响系统正常工作。系统通知界面如图2-2-3所示。

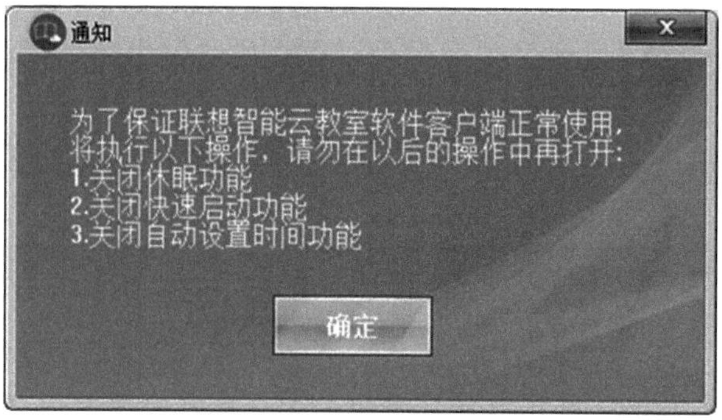

图 2-2-3　系统通知界面

Windows系统安全准备好后，即可进入客户端的安装过程，联想智能云教室客户端安装启动界面如图2-2-4所示。

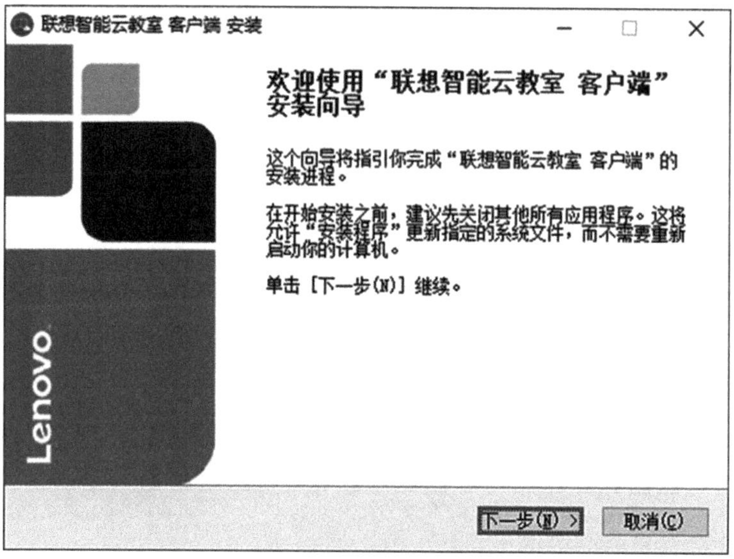

图 2-2-4　联想智能云教室客户端安装启动界面

单击下一步，进入用户许可协议界面，选择接受许可证协议中的条款，并单击下一步，客户端许可证协议界面如图2-2-5所示。

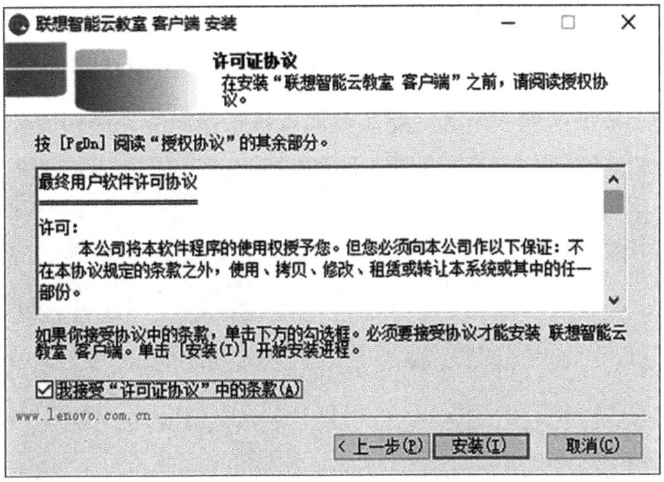

图 2-2-5　客户端许可证协议界面

点击安装后开始进行系统安装，客户端安装过程界面如图 2-2-6 所示。

图 2-2-6　客户端安装过程界面

客户端安装完成后，要求重新启动计算机，通常选择现在重新启动选项。安装完成界面如图 2-2-7 所示。

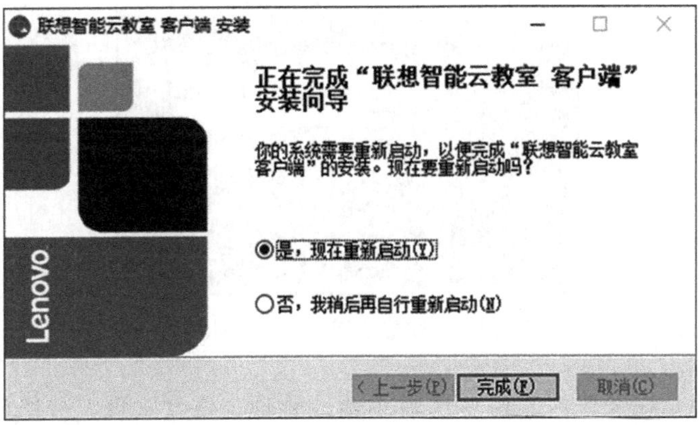

图 2-2-7　安装完成界面

重启后会再次进入操作系统进行软件最后一次正确配置，配置完成计算机会自动重启，再次重启后会出现联想智能云教室的启动界面，出现此界面表示客户端安装成功，按 Enter 键正常进入操作系统。联想智能云教室的启动界面如图 2-2-8 所示。

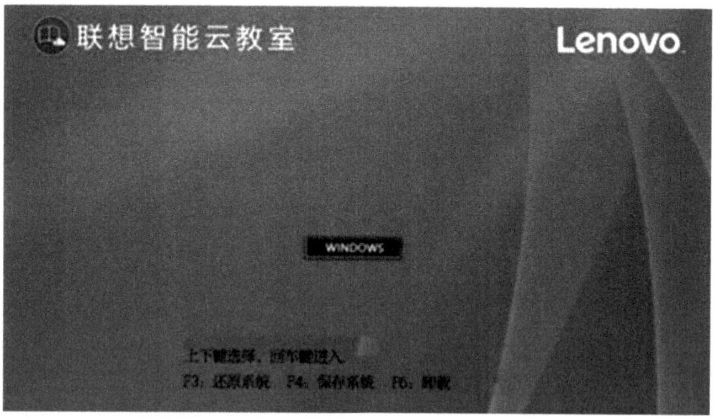

图 2-2-8　联想智能云教室的启动界面

第三节　联想智能云教室系统部署

联想智能云教室的服务端和客户端安装完成后，需要进行镜像管理、磁盘管理、创建系统、分组管理等操作后，方可以进行系统部署；其中镜像管理必须在样板机上进行，其他操作可以在样板机上进行，也可以在服务端进行。

客户机（也称为样板机）系统完成后，登录联想智能云教室控制台，输入服务器 IP 地址，登录用户名默认为 admin，密码为自己设置的密码，登录界面如图 2-3-1 所示。

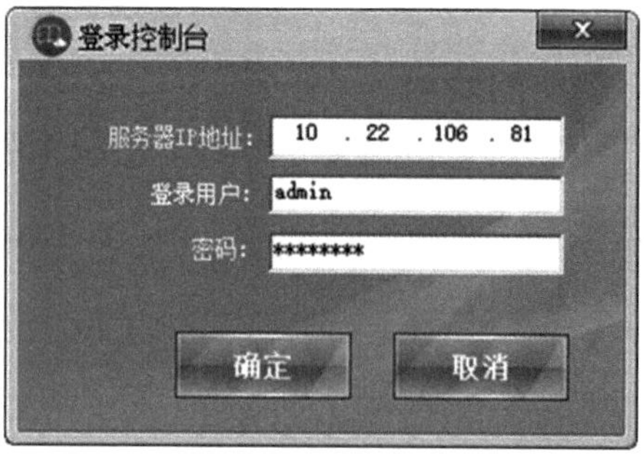

图 2-3-1　联想智能云教室登录界面

登录成功后，在操作区左侧依次显示镜像管理、磁盘管理、分组管理等选项，第一次部署时，所有选项均为空，联想智能云教室主界面如图 2-3-2 所示。

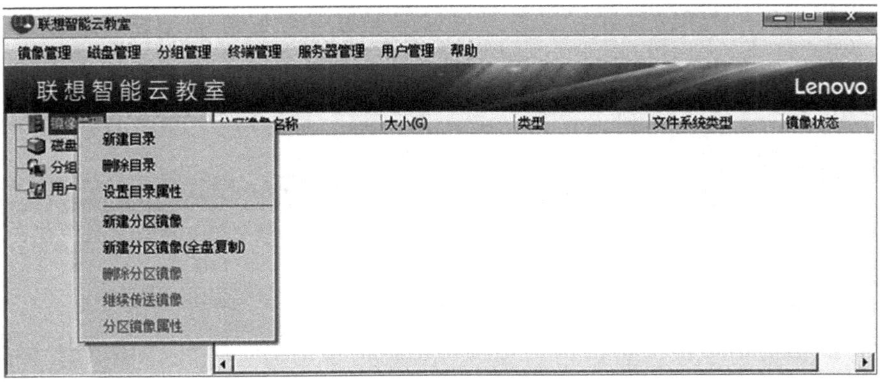

图 2-3-2　联想智能云教室主界面

2.3.1　镜像管理

镜像管理中存放的是客户端系统分区和数据分区的镜像，制作完成的镜像可看作是一个分区镜像模板，操作系统创建时可以引用这些分区镜像模板。镜像管理中存放的是镜像模板，所以在镜像制作的过程中，相同作用的镜像不用重复制作，如多个系统的 D 盘，只要上传其中一个 D 盘就可以了。镜像管理类似戴尔硬盘保护增强套件中的进程，也相当于 Ghost 备份的 GHO 文件，它是将客户机（样版机）上的硬盘分区生成镜像文件，以便在其他机器上恢复。在“镜像管理”上按鼠标右键，弹出该选项的快捷菜单，选择“新建分区镜像”即可弹出新建分区镜像对话框。通常安装系统时，将操作系统安装在 C 盘，其他应用软件尽量安排在 D 盘，因此 C 盘和 D 盘都要生成镜像，并上传到服务端，目前系统用于平时上课使用，因此 C 盘的镜像文件命名为“SKC”，分区镜像类型选择“系统盘”，D 盘的镜像文件命名为“SKD”，分区镜像类型选择“数据盘”，镜像名称可自由命名如 Win 10 _ C、Win 10 _ D 等，但是不能使用特殊字符，如：/ \ * ? " : | <>等。新建分区镜像对话框界面如图 2-3-3 所示。

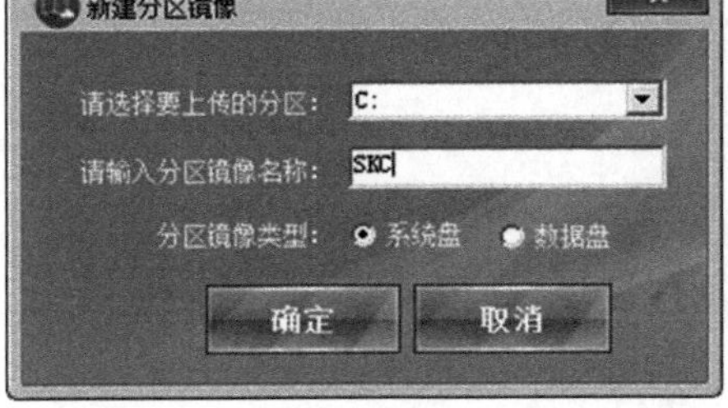

图 2-3-3　新建分区镜像对话框界面

点击“确定”按钮后，系统开始将选择的分区生成镜像，并上传到服务端，传输时间取决于网络环境、硬盘速度和分区内数据量，传输过程中不能切断电源，否则需要重新上传镜像。上传完之后在镜像状态处会显示“已完成”，否则显示“未完成”。镜像传送界面如图 2-3-4 所示。

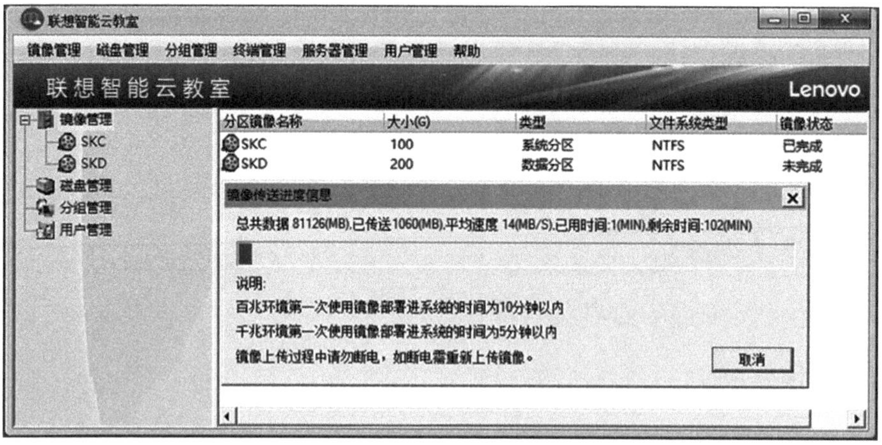

图 2-3-4 镜像传送界面

2.3.2 磁盘管理

磁盘管理中包含磁盘管理、系统快照管理和分区属性设置三个主要功能，磁盘相当于是一个虚拟的硬盘，系统快照可被操作系统引用。首次部署时系统里没有设置磁盘，因此需要先新建磁盘，右击“磁盘管理”，在弹出的快捷菜单中选择“新建磁盘”，新建磁盘操作界面如图 2-3-5 所示，会弹出温馨提示对话框，建议系统快照的磁盘结构与样版机的结构保持一致。温馨提示对话框如图 2-3-6 所示。

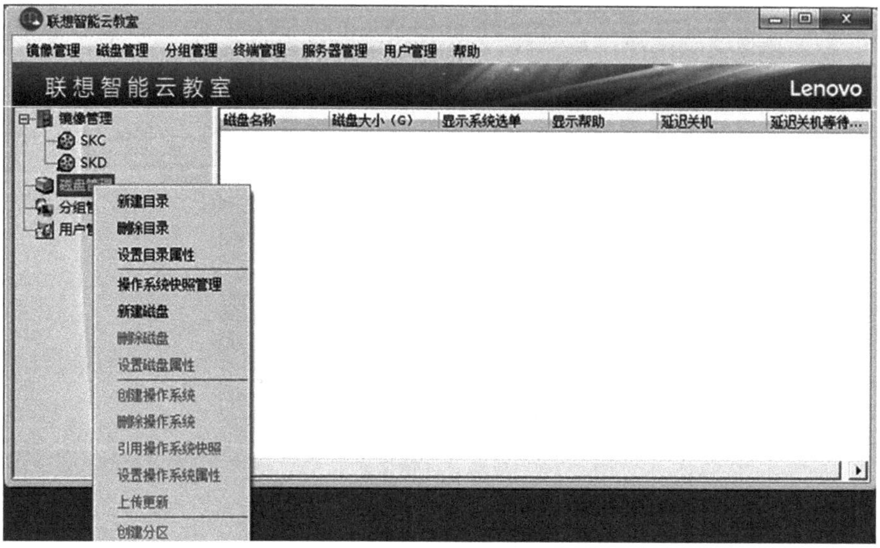

图 2-3-5 新建磁盘操作界面

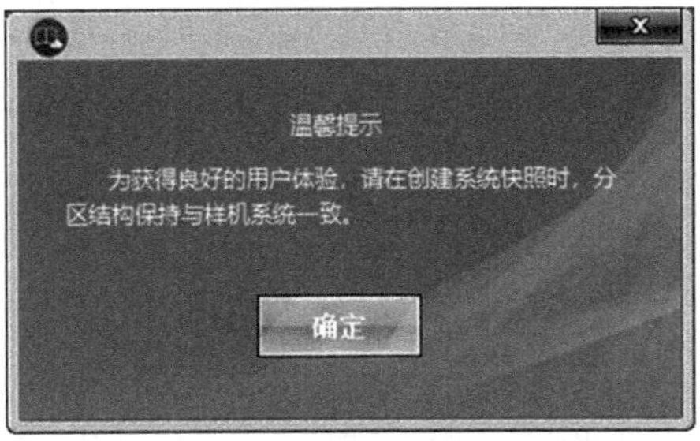

图 2-3-6　温馨提示对话框

确认后弹出“新建磁盘”对话框，需要对磁盘名称、磁盘大小等进行设置。各选项含义如下：

磁盘名称：虚拟硬盘的名称，该名称支持数字、英文大小写及组合，但是不能使用/ \ * ? " : | <>等特殊符号，本例中磁盘名称取名为 A306。

磁盘大小：以“G”为单位，参考物理硬盘大小来设置，通常大于或等于物理硬盘的容量和（最多支持 2 块硬盘）。

是否显示操作系统选单：客户端机器开机后系统选单是否显示，如果有多个系统时，可供用户选择。

是否显示帮助：客户端机器系统选单界面快捷键是否显示。

延迟关机：若选中，在系统选单界面长时间无操作时，系统会自动关机。

延迟关机等待时间：可以设置多少秒后关机，与延迟关机配合使用。

新建磁盘对话框如图 2-3-7 所示。

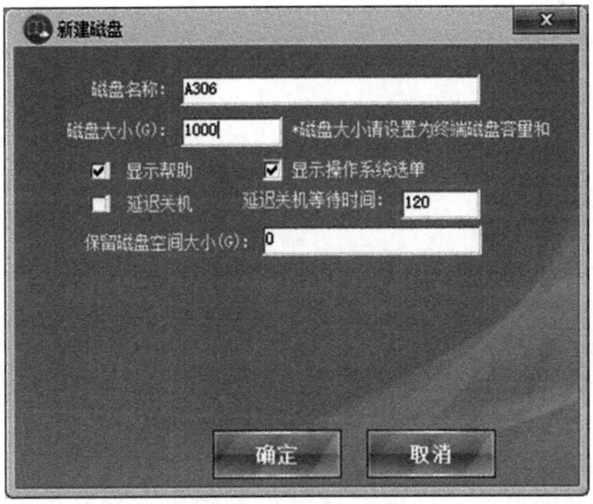

图 2-3-7　新建磁盘对话框

联想智能云教室采用虚拟磁盘技术，在服务器上创建虚拟磁盘。可以把磁盘理解为一块物理硬盘。联想智能云教室通过对虚拟磁盘的管理实现对所有客户端硬盘的集中统一管理。其主要特点有：(1) 同一磁盘可以“安装”多个操作系统。(2) 同一磁盘可被多个分组引用。(3) 磁盘剩余空间智能调配。(4) 虚拟磁盘个数不受限制。

2.3.3 创建系统

在创建的磁盘名称上右击选择“创建操作系统”，弹出操作系统快照管理界面，操作系统快照管理界面如图 2-3-8 所示。

图 2-3-8　操作系统快照管理界面

右击操作系统快照管理，在弹出的快捷菜单中选择“新建操作系统快照”，新建操作系统快照界面如图 2-3-9 所示。

图 2-3-9　新建操作系统快照界面

在操作系统快照管理界面，可以新建操作系统快照和对创建好的系统快照进行管理，右击操作系统快照管理选择新建操作系统快照，可打开系统快照创建的窗口，创建操作系统快照界面如图 2-3-10 所示。该界面中各选项含义如下：

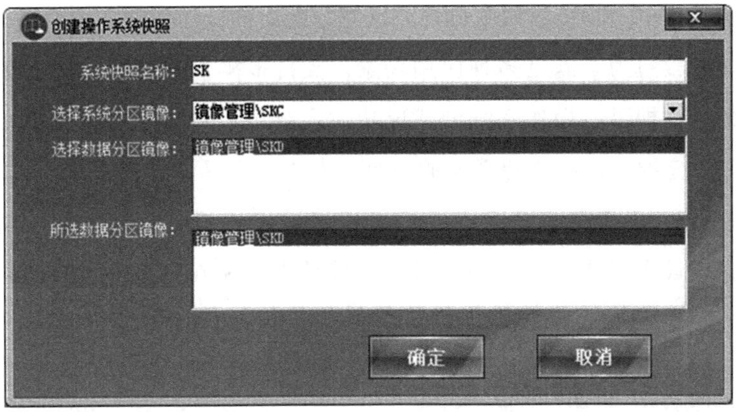

图 2-3-10　创建操作系统快照界面

系统名称：系统快照的名称，比如 SK，注意名称中不能使用特殊字符，如：/ \ * ? " : | <>等。

选择系统分区镜像：选择需要创建操作系统的系统盘镜像。

选择数据分区镜像：选择需要创建操作系统的数据后，会显示在下方的所选数据分区镜像框中，操作系统的数据分区会按照此框中的顺序来显示。所选数据分区框中的分区，在未执行确定前如不需要，单击可移除。数据分区框中的分区每单击 1 次，就会在所选数据分区框中显出一个来，如同一数据分区单击 3 次，所选数据分区就会显示出 3 个分区。

设置完毕后，点击确定按钮，在操作系统快照管理栏中会出现名为 SK 的系统快照。操作系统快照管理界面如图 2-3-11 所示。

图 2-3-11　操作系统快照管理界面

操作系统快照创建完成后，可以在磁盘管理的 A306 磁盘下出现了名为 SK 操作系统。该系统包括 SKC 和 SKD 两个分区，创建系统后的操作界面如图 2-3-12 所示。

联想智能云教室为了满足多种应用场景，支持多操作系统的创建，重复上面单操作系统创建的过程即可；操作系统创建成功后，会显示到当前的磁盘中，所以创建操作系统之前，一定要在需要创建系统的磁盘上右击并选择“创建系统”；单磁盘最多支持 64 个操作系统，系统选单界面单页面最多显示 12 个操作系统选单，超过后按方向键选择；单系统最大支持 23 个分区，多硬盘中除系统所在磁盘外，其他磁盘最大支持 8 个分区。

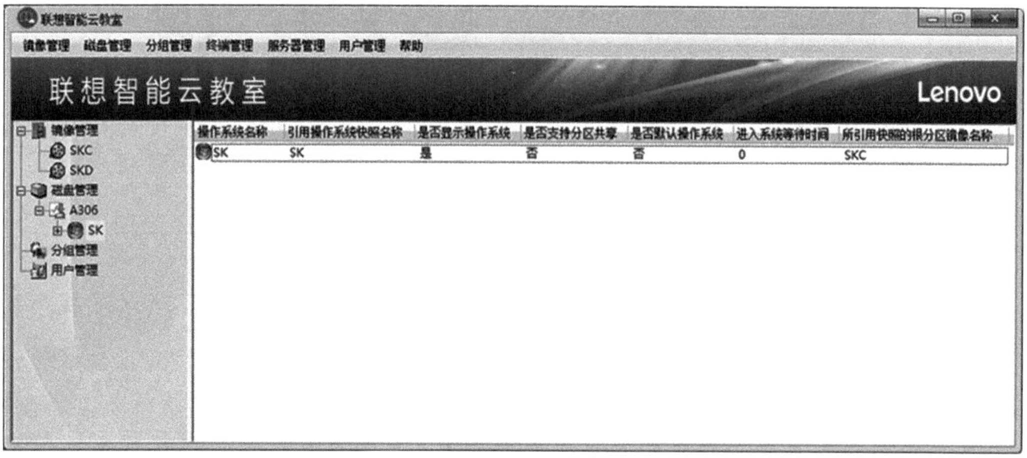

图 2-3-12　创建系统后的操作界面

2.3.4　设置操作系统的属性

在操作系统名称右击，在弹出的快捷菜单中选择设置操作系统属性，可打开操作系统属性设置窗口，操作系统属性设置对话框如图 2-3-13 所示。

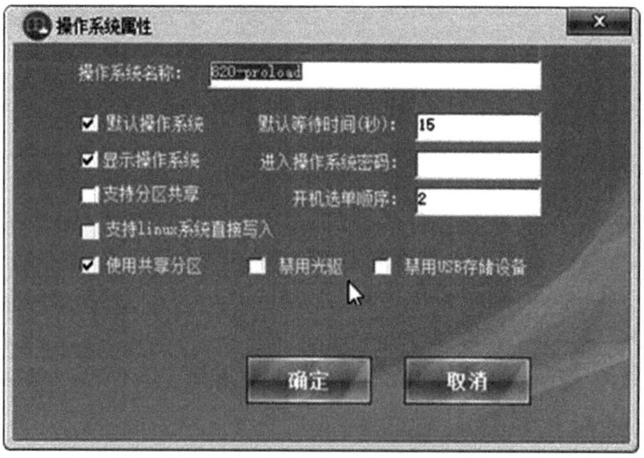

图 2-3-13　操作系统属性设置对话框

该对话框中各项的含义如下：

操作系统名称：显示操作系统名称，可对操作系统名称进行修改，但不能使用特殊字符，如：/ \ * ? " : | <>等。

默认操作系统：选择该选项后，系统选单默认在该系统上。

默认等待时间：在等待界面如果用户没有进行任何操作，等待多少秒后进入默认操作系统。

显示操作系统：在系统选单上是否显示该操作系统名称。

进入操作系统密码：设置密码后，进入该系统需要密码（支持英文字母加数字）。

支持分区共享：可以把某系统下的分区共享给其他系统来使用，该版本只支持1个共享分区，不建议共享多个分区。

开机选单顺序：默认按创建系统的顺序显示系统选单编号，可手动对该顺序编号进行排序（采用升序方式），即编号为1，系统在开机选单界面显示在第一位，编号为2，系统在开机选单界面显示在第二位，以此类推。

支持 Linux 系统直接写入：Linux 系统直接写入硬盘中。

使用共享分区：某个系统的分区共享后，如果其他系统需要使用该共享分区，需要在系统属性中选择“使用共享分区”。

禁用光驱：选中该选项，系统启动成功后，用户无法使用光驱，选择后需要重启生效。

禁用 USB 存储设备：选中该选项，系统启动成功后，用户无法使用 USB 存储设备，选择后需要重启生效。

2.3.5　设置分区属性

选择操作系统下的任意分区右击，设置分区属性，弹出分区属性的设置窗口，可修改分区的还原方式和分区是否共享。分区的还原方式和共享方式修改后，客户端重启即可生效。设置分区属性界面如图 2-3-14 所示。

图 2-3-14　设置分区属性界面

分区的还原方式包括：每次还原、手动还原、每天/每周/每月第一次启动还原等 5 种还原方式。

分区是否共享：默认是不可选的，只有在该分区所属的操作系统共享后，此选项才可以选择。

2.3.6 分组管理

分组管理是联想智能云教室集中管理的重要方式，可以按不同的教室、不同的年级或其他分组类型对用户机器进行多个分组，每组最大可管理 253 个终端。

第一次部署时，首先要新建分组，右击分组管理，在弹出的快捷菜单中选择新建分组选项，即可打开新建分组对话框，分组管理快捷菜单如图 2-3-15 所示。新建分组对话框如图 2-3-16 所示。

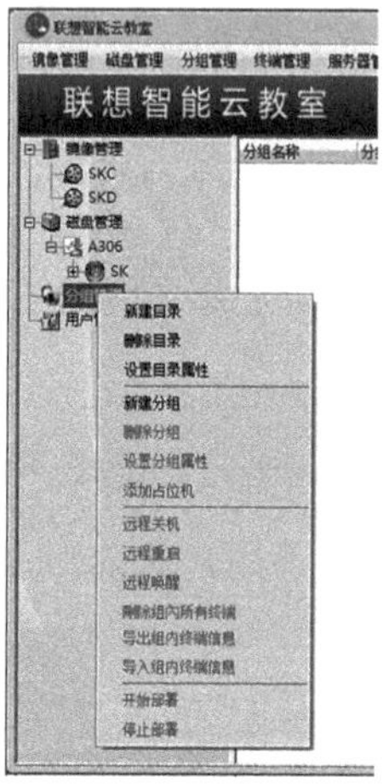

图 2-3-15　分组管理快捷菜单

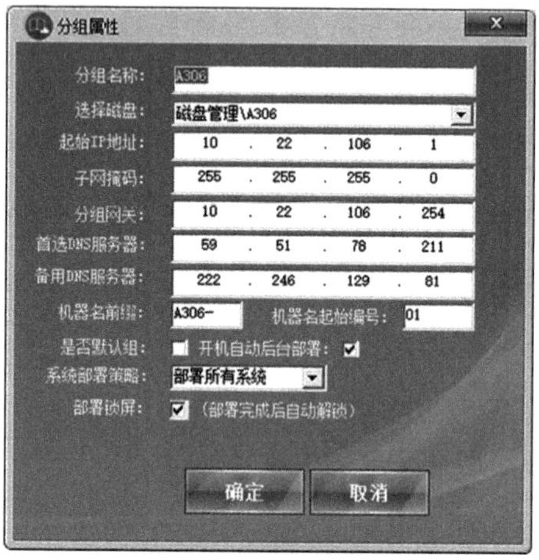

图 2-3-16　新建分组对话框

新建分组对话框中各选项的含义如下：

分组名称：用户自定义，如 A306，但不能使用/ \ * ? " : | <>等特殊字符。

选择磁盘：本分组内终端选择用哪个磁盘模板，一般选择与机器型号对应的磁盘模板。

起始 IP 地址：本分组内终端起始 IP 地址。

子网掩码：本分组内终端子网掩码地址。

分组网关：本分组内终端网关的地址。

首选 DNS 服务器：本分组内终端 DNS 的地址。

备用 DNS 服务器：本分组内终端 DNS 的地址。

机器名前缀：终端机器命名规则的前缀，计算机名不能为空白，只能由字母、数字和“-”组成，但不能全是数字，首字母不能是“-”，最多为 10 个字符。

机器名起始编号：终端机器的起始 ID 号，该 ID 号最大不能超过 65535。

是否默认组：勾选表示启用默认组，取消勾选表示关闭默认组。

开机自动后台部署：勾选表示客户端系统启动后会自动部署镜像数据。

系统部署策略：对系统部署方式的选择，软件默认部署所有系统，有部署所有系统、部署显示系统、部署默认系统、部署隐藏系统几种方式。

部署锁屏：默认处于勾选状态，客户端机器部署时会锁屏，如取消锁屏，客户端机器需要重启后该设置才能生效。

实际使用过程中，可能需要创建多个分组，创建多个分组时，可以参照上面分组创建的过程进行，组名不能重复。终端机器第一次和服务器连接时，需要把该终端所在的默认组打开，该组内的终端都连接完成后，可以把默认组关闭。当多个分组存在时，如果有终端机器加入组中，需要把该终端机器所在的组设置为默认，组内终端使用什么样的系统，必须在分组属性选择磁盘处选择和组内机器匹配的磁盘。

2.3.7　系统部署

系统设置完毕后，右击分组管理，在弹出的快捷菜单中选择开始部署，即可进行系统部署，分组管理快捷菜单如图 2-3-17 所示。

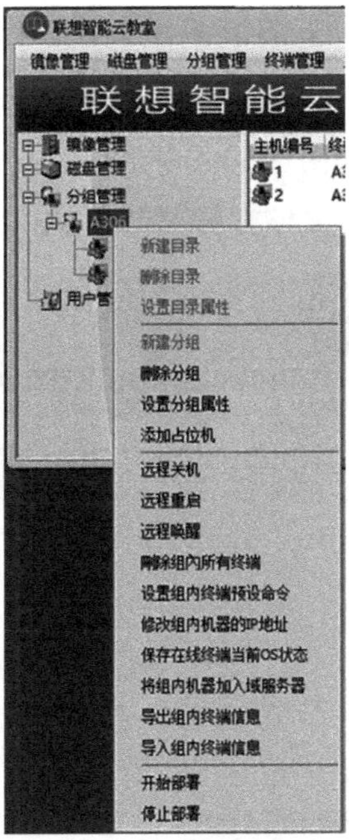

图 2-3-17　分组管理快捷菜单

客户端的机器第一次和服务器连接，需要在 BIOS 中把网卡的 IPv4 打开，设置方法：开机按 F1 进入 BIOS 设置，将 Devices \ Network Setup \ PXE IPv4 network stack 设置为开启，并把网络启动设置为第一启动，客户端机器开机后即可与服务器进行连接，服务器端（分组）自动识别客户端机器，并通过 IPv4 分配给客户端机器 IP 信息，客户端启动界面如图 2-3-18 所示。

客户端机器获取到 IP 信息后，会显示 Press F4 to install or press ESC to skip installation，每台客户机按 F4 进行客户端底层安装（如果不进行安装，直接按 ESC 跳过安装后关机），安装完毕后系统自动重新启动，再次启动时出现联想智能云教室启动界面表示安装成功，联想智能云教室启动界面如图 2-3-19 所示。

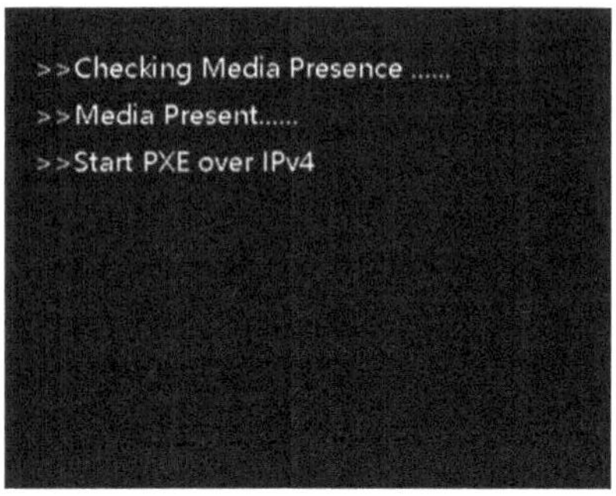

图 2-3-18　客户端启动界面

图 2-3-19　联想智能云教室启动界面

组内所有机器都加入进来后，打开控制台，在分组管理的组属性中关闭默认组，分组管理中可以看到组内所有机器的计算机名称、IP 信息和每台机器系统的部署状态，联想智能云教室分组管理界面如图 2-3-20 所示。

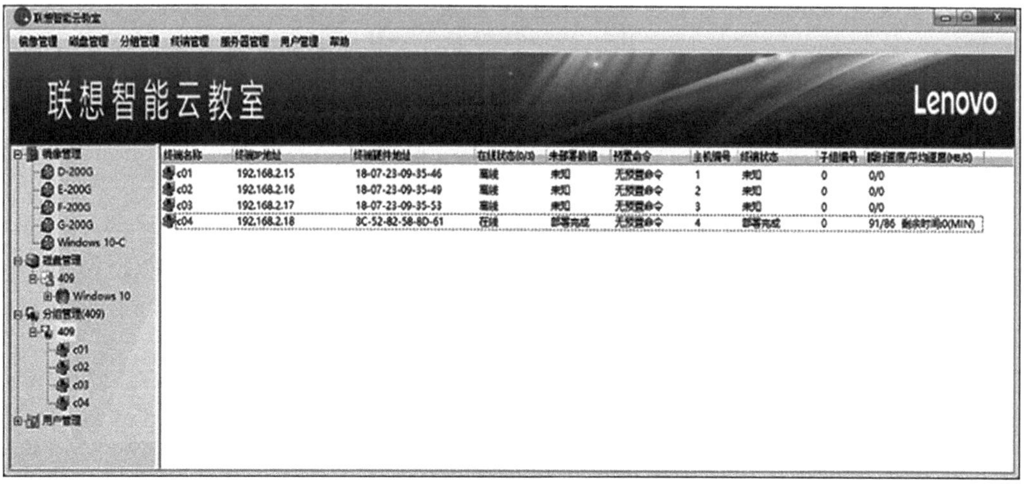

图 2-3-20　联想智能云教室分组管理界面

2.3.8　系统增量

系统部署完成后，在现有基础上增加新软件、卸载不需要的软件、系统升级等工作。这些工作都涉及数据量的变化，我们称之为系统增量。需要进行系统增量时，可以在机房内任一客户机上进行系统更新，在客户机上直接打开软件控制台，选择当前操作系统名称右击上传更新，系统会自动重启后再次进入，自动打开软件控制台窗口执行增量的上传更新操作，更新的进度条会显示更新的总数据量、已传送的数据量、更新的速度、已用的时间和剩余的时间（根据更新的情况可选择单个分区或全盘更新），镜像传送进度信息如图 2-3-21 所示。

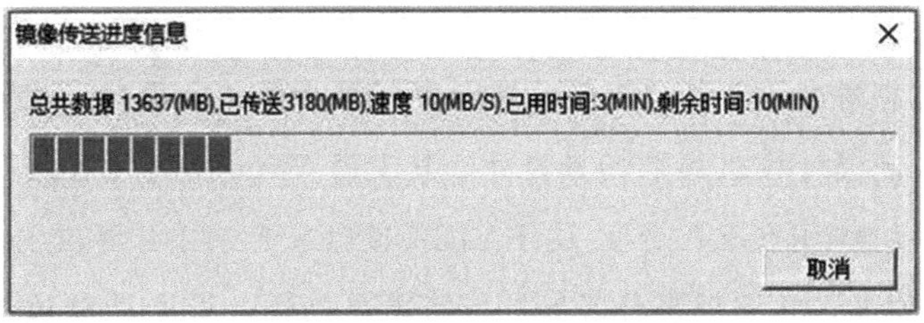

图 2-3-21　镜像传送进度信息

更新完成后，快照管理界面将自动生成以当前时间命名的系统快照。若需实现组内终端增量同步，用户需在分组管理中执行组内重启操作，此时所有终端将基于最新快照完成差异数据更新。需注意：（1）系统增量上传速度受网络及服务端性能影响，建议单机操作以确保流畅性，避免多机并发上传。（2）增量操作必须通过客户端当前运行的可见系统执行（隐藏系统禁用快捷键调用更新功能）。（3）仅允许对当前使用中的操作系统发起增量更新，选择其他系统会触发“非当前系统不支持更新”的拦截提示。（4）更新模式支持全盘/分区可选，全盘模式将同步所有分区数据至服务端，终端重启后全组机器将自动同步至最新快照状态。（5）单机增量无需上传服务端时，重启后通过系统选单按快捷键 F4 保存增量，若需撤销增量，可选择快捷键 F2 执行系统同步还原至更新前状态。

第三章　基于惠普增霸卡的系统部署

增霸卡是北京海光超越科技有限公司开发的硬盘保护与网络运维管理工具，专为教育、企业等大规模计算机集群场景设计。其支持 Windows、Linux 等多系统即时还原与备份，兼容 MBR/GPT 分区及 FAT32/NTFS/EXT2-4 等文件系统，可管理 128 TB 大容量硬盘，并实现多分区保护与跨硬盘操作。核心功能包括网络同传、增量拷贝（断点续传）、远程唤醒/关机/设备锁定，以及移动存储禁用等安全管控。通过图形化界面和鼠标操作，显著提升机房或办公终端的运维效率，尤其适用于多品牌设备混杂环境下的快速部署、统一维护与数据安全保障。目前部分惠普计算机在 BIOS 中集成了增霸卡的功能，没有集成该功能的计算机需要插入硬件增霸卡方可使用增霸卡。

第一节　增霸卡的安装

增霸卡的安装分为底层驱动安装和操作系统驱动安装两部分，底层驱动安装提供 3 种安装模式以适应不同需求：全新安装会彻底清空硬盘并重建分区，适用于新设备初始化或系统彻底重置，确保纯净性但需提前备份数据；简易安装将保留硬盘所有分区数据，可以选择对任意分区进行保护，适合快速修复或升级现有系统，但不支持双硬盘；保留安装只保留硬盘部分分区数据，用户可以对硬盘剩余的空间重新进行划分。安装前需确认硬件兼容性，并根据实际需求选择模式，避免数据丢失或功能冲突。操作系统驱动安装与普通软件安装相似。安装流程如图 3-1-1 所示。

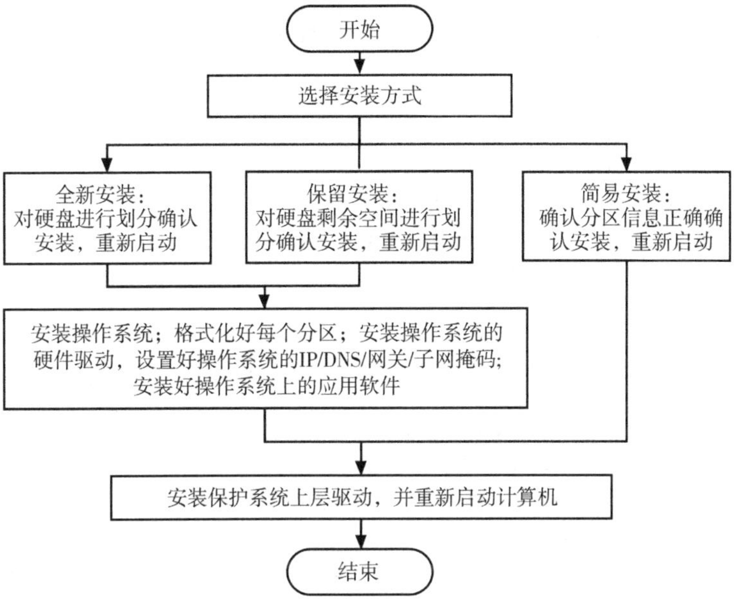

图 3-1-1　增霸卡安装流程

3.1.1　底层驱动安装

在安装增霸卡之前，首先要准备增霸卡驱动光盘或制作专用启动 U 盘（可使用商家提供的 ISO 文件制作，建议 U 盘容量在 128 MB 至 32 GB 之间），随后开机按对应 BIOS 启动快捷键（惠普计算机通常是 F9 键），选择带有“UEFI”标识的安装引导源启动，引导设备选择界面如图 3-1-2 所示。

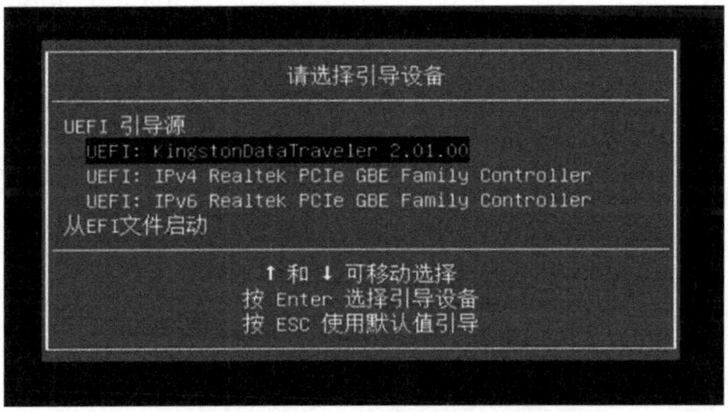

图 3-1-2　引导设备选择界面

进入安装环境后，可以选择“从光盘安装”和“从网络安装”两种安装方式，由于是第一次部署，没有机器可以提供服务，所以只能选择“从光盘安装”，安装好第一台计算机后，其他机器可以选择“从网络安装”。安装说明界面如图 3-1-3 所示。

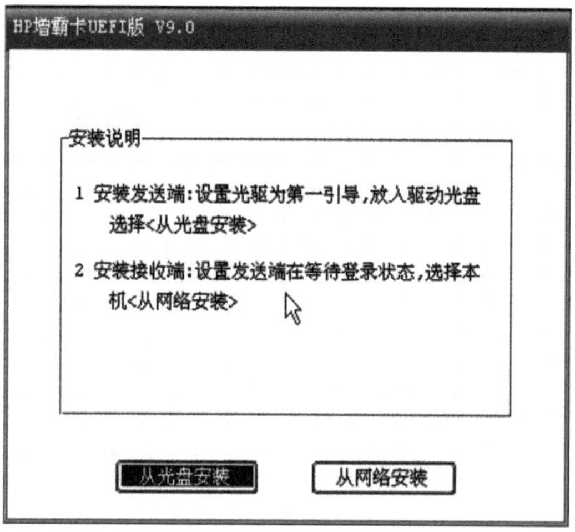

图 3-1-3　安装说明界面

单击“从光盘安装”按钮，进入选择安装向导界面，系统自动检测本机的硬盘情况，包括硬盘数量和容量，增霸卡提供了 3 种安装方式：全新安装、简易安装和保留安装，可以根据实际情况选择安装方式。安装方式界面如图 3-1-4 所示。

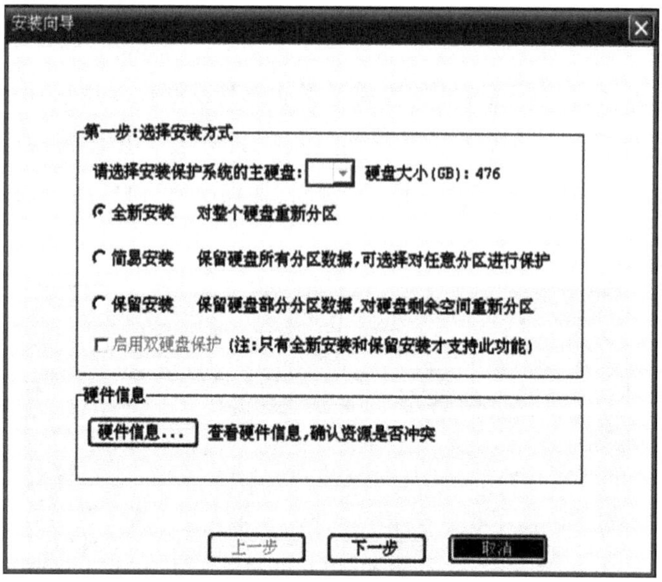

图 3-1-4　安装方式界面

如果想了解硬盘的具体信息，可以点击“硬件信息……”按钮，系统会检测出硬盘的容量、磁头数、轨道扇区数、柱面数和扇区对齐数等信息（固态硬盘仅显示容量）。硬件信息界面如图 3-1-5 所示。

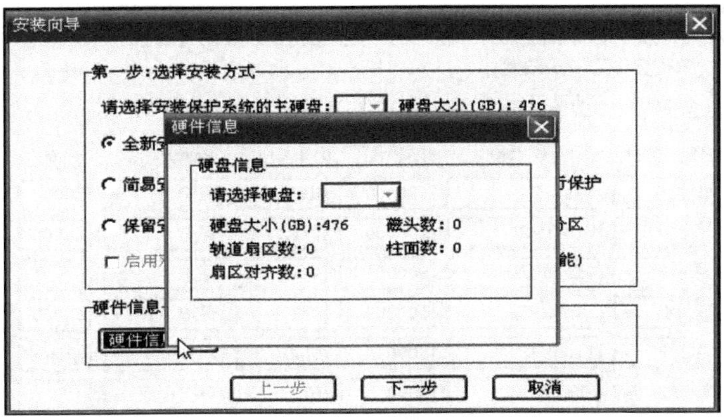

图 3-1-5　硬件信息界面

在安装方式界面选择“全新安装”，进入重新划分硬盘分区界面，如果有 2 块硬盘，且勾选了“启用双硬盘保护”，将出现主盘分区选项卡和从盘分区选项卡，如果只有 1 块硬盘，则仅有主盘分区选项卡，磁盘分区界面如图 3-1-6 所示。进行磁盘分区前，先要对磁盘进行规划：准备安装几个系统？每个系统包含几个盘，每个盘的空间多大等，每个系统限定划分最多 8 个分区（含启动、专属分区和共享分区等），分区可以跨盘规划。比如安装两个 Windows 系统，Windows 7 系统用于考试，Windows 10 系统用于平时教学，根据需要，可以选择一个 Linux 系统，分区大小可以根据实际需要进行设置。如果有从盘，从盘分区的规划方式和主盘一致，既可以在上面规划启动型分区，也可以规划数据分区。从盘分区界面如图 3-1-7 所示。

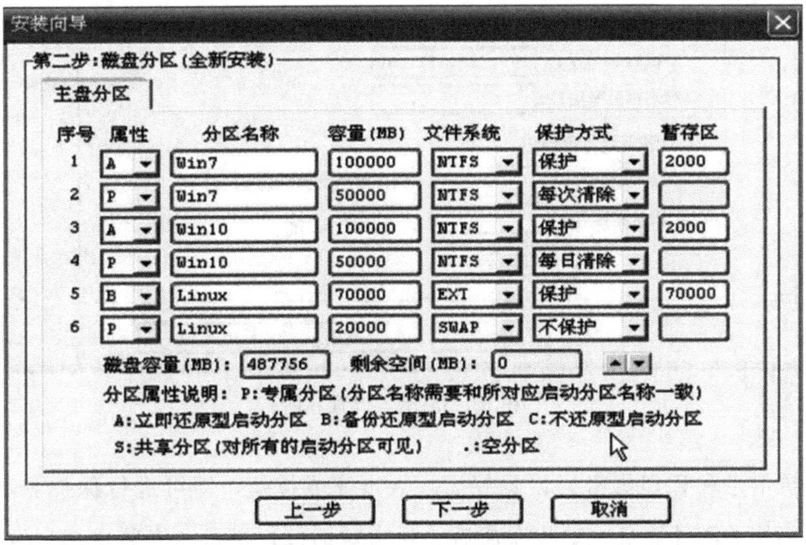

图 3-1-6　磁盘分区界面

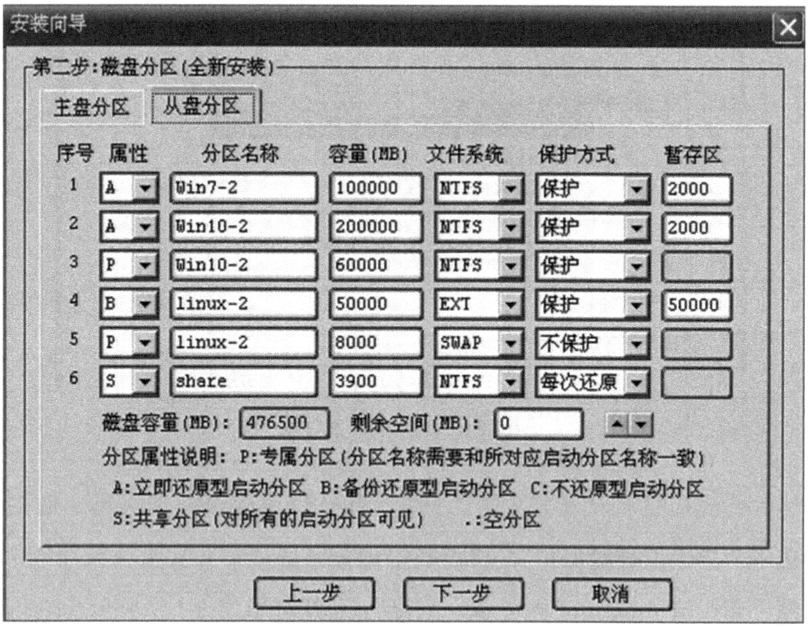

图 3-1-7　从盘分区界面

分区规划好以后，点击下一步，进入基本设置界面，设置本机计算机名称、IP 地址以及管理员密码等。基本设置界面如图 3-1-8 所示。

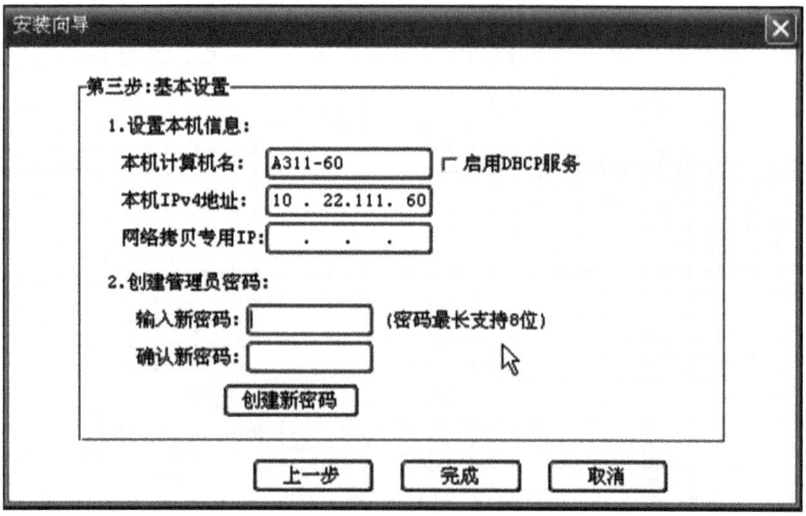

图 3-1-8　基本设置界面

计算机信息和管理员密码设置好后，点击完成按钮，即可进行保护驱动的安装，安装过程不能关闭计算机，安装完成后，弹出对话框，提示“安装成功！按确定键重新启动”。点击确定按钮，计算机重新启动后进入操作系统选单界面，出现操作系统选单界面表示增霸卡底层驱动安装完毕。操作系统选单界面如图 3-1-9 所示。

图 3-1-9　操作系统选单界面

将 Windows 10 安装光盘放入光驱中，开机按启动快捷键，选择 UEFI 的 Windows 10 安装源启动，在操作系统选单界面单击“Win10-1”，即可进入操作系统安装环节。如果安装操作系统时不能从安装设备启动，可以在操作系统选单界面按“Ctrl＋I”组合键，启用安装模式进行操作系统的安装，由于已经进行了分区操作，安装 Windows 时选择“自定义”安装方式，此时其他系统的空间显示为未分配空间。

通常在进行磁盘分区时系统分区都选择“保护”模式，保护模式中默认的操作系统分区格式都是 GPT 的，如果想安装 MBR 格式操作系统，先在操作系统选单界面按 F10 进入增霸卡的“系统管理”，到“操作系统”的“高级……”设置项，勾选以下“启用 MBR 分区格式”选项。操作系统高级设置界面如图 3-1-10 所示。

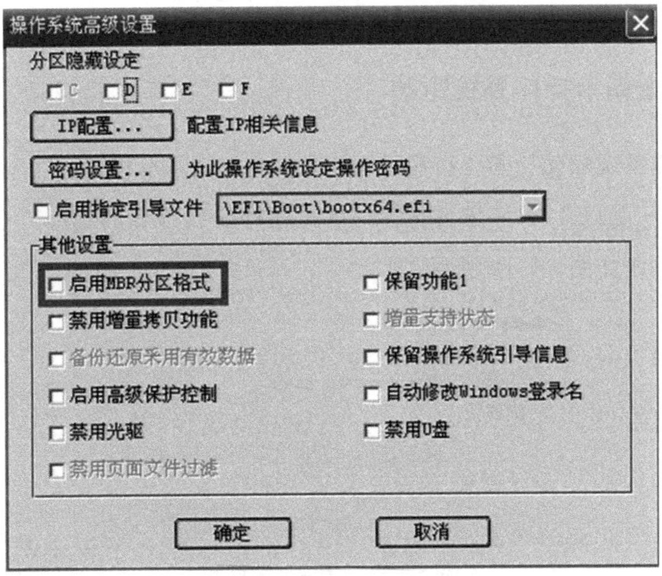

图 3-1-10　操作系统高级设置界面

操作系统安装与常规安装方式相同，具体安装过程可参考第一章第六节。

操作系统安装完成后，用管理员权限进入 Windows 系统，运行增霸卡的操作系统驱动安装程序，安装 Windows 驱动时建议关闭杀毒软件以确保安装过程中不出现误操作，如果 Windows 带有 BitLocker，需要先将 Bitlocker 解除，安装过程会提示是否关闭 UAC，为了保证系统正常运行，建议关闭 UAC。安装过程选择默认即可，安装完毕后自动重新启动系统，第一次进入系统时，增霸卡系统会自动修改机器名和 IP 地址，修改完后再次重新启动，Windows 启动完成后，在系统桌面右下角的托盘区域出现增霸卡图标，双击图标，会弹出增霸卡当前状态，增霸卡当前状态界面如图 3-1-11 所示。

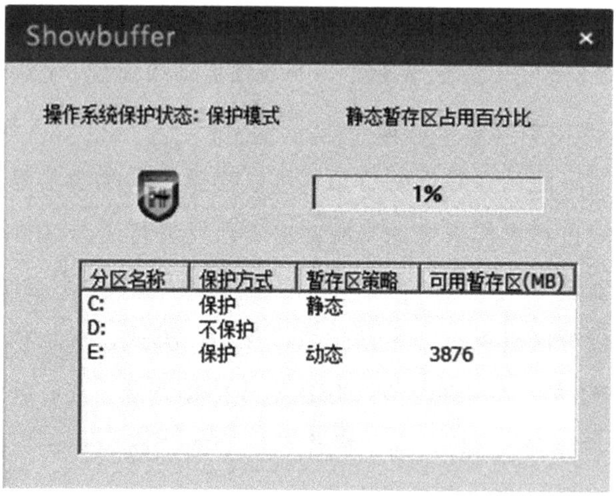

图 3-1-11　增霸卡当前状态界面

3.1.2　安装增霸卡操作系统驱动

增霸卡操作系统驱动的安装和常用软件的安装方式基本相同，以 V9.0 为例，运行“HP _ ZBK _ V9.EXE”即可开始安装，首先进行安装语言的选择，通常选择简体中文，语言选择界面如图 3-1-12 所示。

图 3-1-12　语言选择界面

许可证协议如图 3-1-13 所示

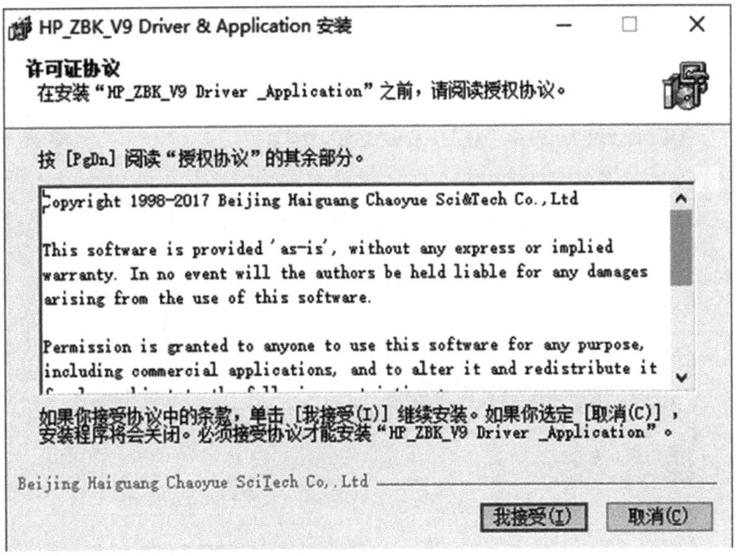

图 3-1-13 许可证协议

接受许可证协议后，进入安装组件选择界面，共计有四个组件供选择：HP _ ZBK _ V9 ShowBuffer 和 HP _ ZBK _ V9 Windows Console 是增霸卡的主程序，Program Shortcut 表示是否在开始菜单建立快捷方式，Modify IP Service 表示是否安装修改 IP 地址的服务，这些组件在日常维护中都需要使用，因此建议安装所有组件。安装组件选择界面如图 3-1-14 所示。

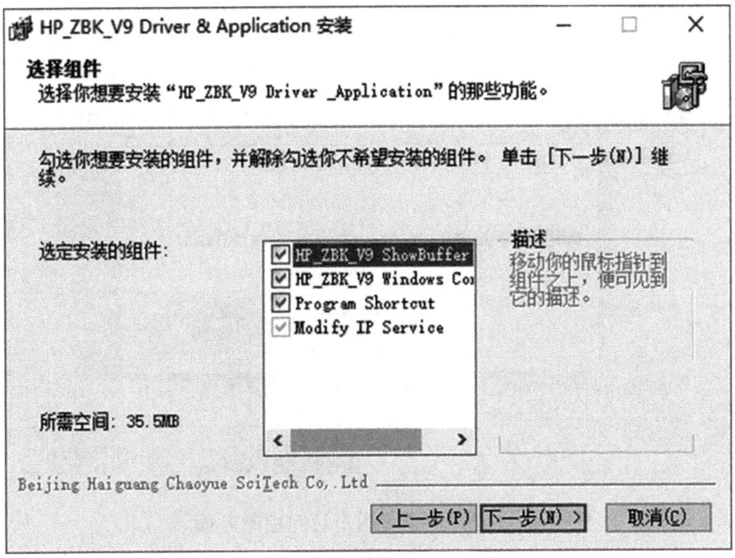

图 3-1-14 安装组件选择界面

点击“下一步”按钮后，进入选择安装位置界面，建议选用默认目录。选择安装位置界面如图 3-1-15 所示。

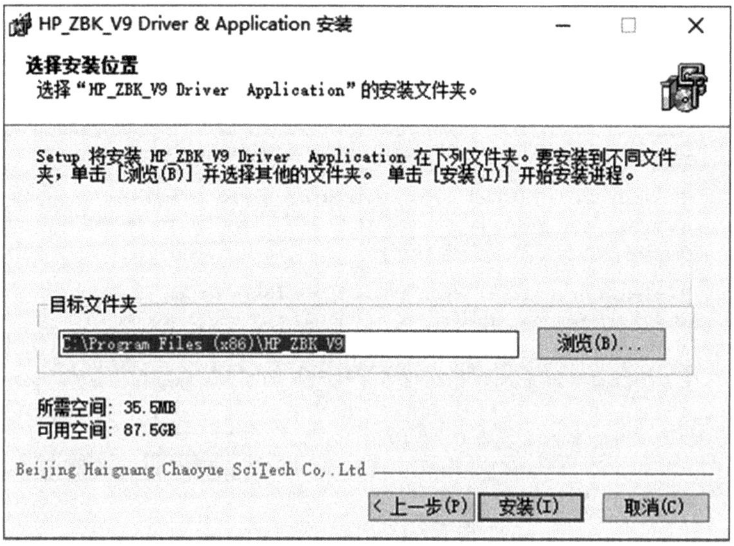

图 3-1-15　选择安装位置界面

安装过程会提示是否关闭用户访问控制，由于增霸卡驱动程序可能使用硬盘驱动器和系统文件授权，用户访问控制策略可能会拒绝，因此建议关闭。关闭用户访问控制界面如图 3-1-16 所示。

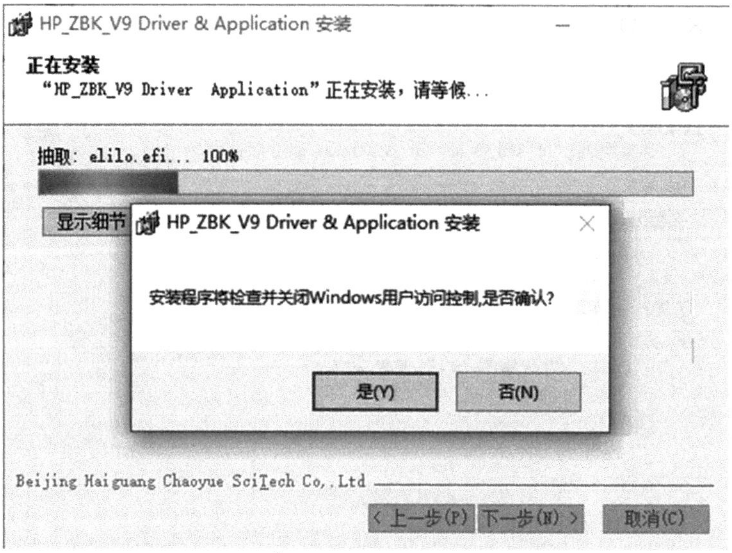

图 3-1-16　关闭用户访问控制界面

系统安装完毕后，需要重新启动生效，可以选择立即重新启动或者稍后重新启动。

安装完成界面如图 3-1-17 所示。

图 3-1-17　安装完成界面

选择立即重启计算机。再次进入 Windows 后，操作系统会自动重启，这个过程是系统在修改机器名和 IP 地址，Windows 启动完成后，在系统桌面右下角的托盘区域有一个图标，双击图标，会弹出增霸卡当前状态。增霸卡状态界面如图 3-1-18 所示。

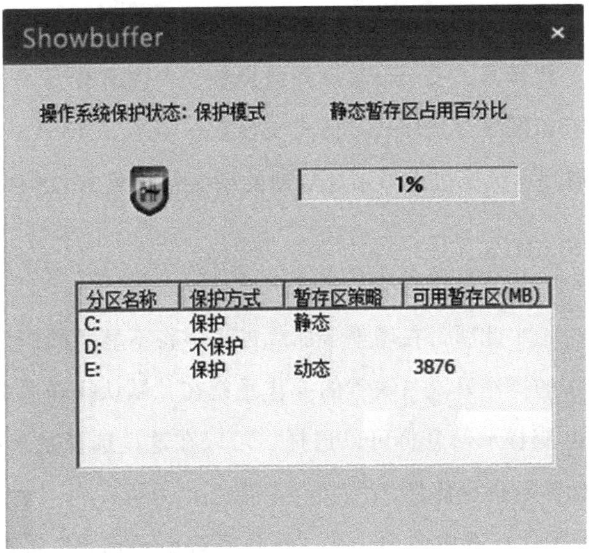

图 3-1-18　增霸卡状态界面

第二节　增霸卡系统管理介绍

计算机启动后，在操作系统选单界面按 F10 键可以进入增霸卡管理界面，但是惠普计算机进入 BIOS 设置界面也是按 F10 键，因此特别需要注意按键的时间节点，如果过早则进入了 BIOS 设置界面，如果过晚则进入了操作系统。增霸卡密码验证界面如图 3-2-1 所示。

图 3-2-1　增霸卡密码验证界面

增霸卡系统管理功能包括基本设置、磁盘工具、操作系统、网络设置和版本信息等。

3.2.1　基本设置

基本设置包括开机设置、安全设置和高级设置三个选项卡。

开机设置包括开机顺序等选项，具体含义如下：

按 BIOS 顺序启动：计算机引导系统启动的顺序将按照 BIOS 中设置的先后次序进行引导。

从本地硬盘启动：计算机将直接从硬盘引导系统启动。

隐藏启动选单：选中此项，在增霸卡加载过程中将不显示操作系统引导选单界面，而直接引导启动缺省的操作系统（缺省的操作系统在“默认操作系统”中指定）。如果选中该项后关闭 F10 键提示信息将可以选择，可以在这里选择是否在左上角显示“按 F10 键显示图形界面”的提示信息。

关闭 F1 键提示功能：选中此项，在“操作系统引导选单”界面上将不再支持 F1 键显示操作帮助提示功能。

自动响应操作：选择开机后自动执行的操作：进入“默认操作系统”指定的操作系统、关机，或者是进入上一次选择进入的操作系统。

默认操作系统：当“自动响应操作”选择为“进入默认操作系统”用户可以通过列表指定默认进入的操作系统。

自动等待时间：为执行“自动响应操作”等待的时间，必须设置成为非零值才能生效。

开机设置界面如图 3-2-2 所示。

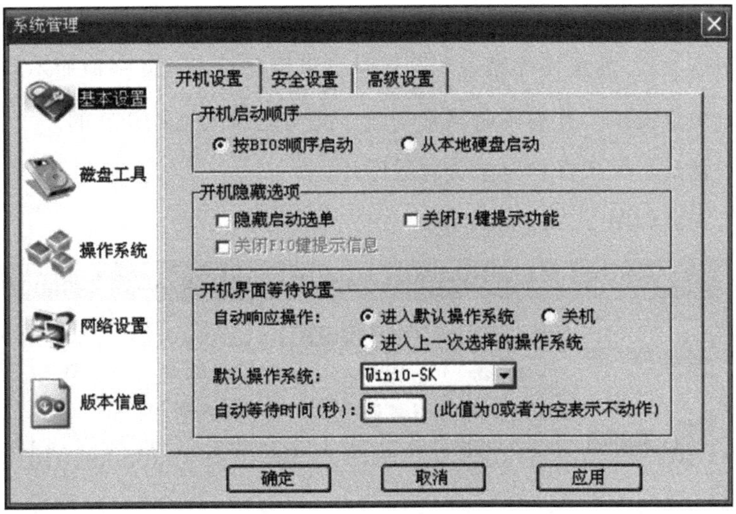

图 3-2-2　开机设置界面

安全设置选项卡包括管理员密码设置和 BIOS 保护设置两部分，密码最长长度 8 位，数字、英文字母（区分大小写）、标点符号均可。设置完成后点击创建新密码就可以将原有密码更改。由于目前 EFI 的 BIOS 的安全级别都比较高，该功能目前只能针对一些基于 AMI 标准开发的 BIOS 能起到保护还原的作用。安全设置界面如图 3-2-3 所示。

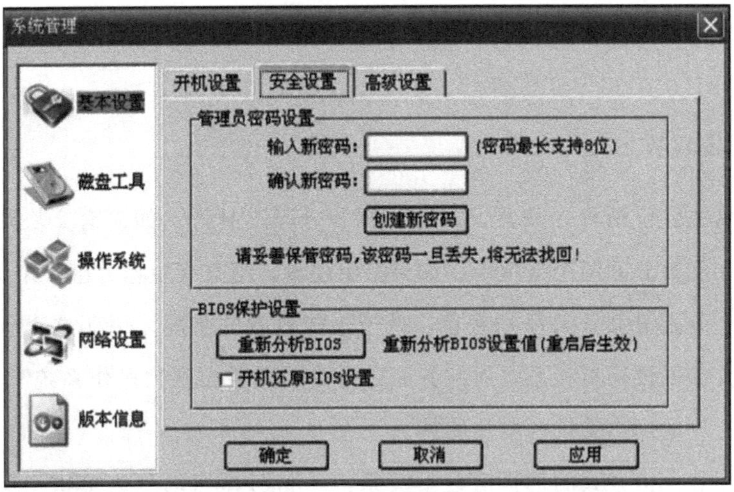

图 3-2-3　安全设置界面

高级设置包括一些特殊设置，各选项含义如下：

隐藏保护系统图标：启用此功能进入操作系统后保护状态指示图标将被隐藏。

启用日志记录：启用此功能进入操作系统后所有操作将会有日志记录（仅供调试用，建议不选）。

非正常关机时启用自动还原：此功能是针对操作系统不是使用“每次还原”的情况（比如每日还原），如果操作系统不是正常关机情况，将自动还原而不是继续保留。

启用临时增量支持：开启临时增量功能，此功能默认是不开启的。

关闭定制背景：关闭客户自定义背景图片。

高级设置界面如图 3-2-4 所示。

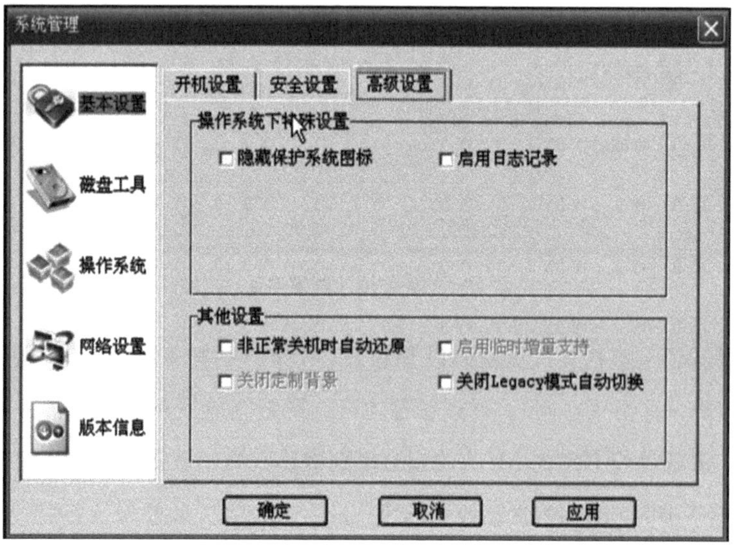

图 3-2-4　高级设置界面

3.2.2　磁盘工具

磁盘工具主要包括分区信息、拷贝工具和分区工具等。如果有 2 块硬盘，将会出现主盘分区和从盘分区两个选项卡，如果是单硬盘，则只有主盘分区一个选项卡。

如果某个分区信息显示都是灰色，处于不能修改的状况，说明这个分区所在的操作系统处于支持增量拷贝状态，对此分区进行修改需要先到“操作系统”下的“高级”界面中取消对应的操作系统的增量支持。

分区属性和保护方式的选择有以下关系：A 和 B 型启动分区提供“保护”与“不保护”两种模式；专属分区 P 支持不保护、保护及定时清除模式（可选每次/每日/每周/每月周期清除)；C型启动分区不支持还原功能；共享分区S则具备每次还原、不保护及与P型分区相同的多周期“清除”选项。不同分区的差异化设置可满足系统保护、数据持久化及定期初始化等多样化运维需求。各类型分区可以进行有限转换，特别注意：只有专属分区的分区名称与启动分区的分区名称相同时（磁盘名称区分大小写），才能在该启动分区下使用，其他启动分区不能使用。分区属性如表3-2-1所示，分区管理界面如图3-2-5所示。

表3-2-1 分区属性表

属性代码	属性名称	还原方式	可更改类型
A	立即复原型启动分区	保护和不保护	C、P、S型
B	备份复原型启动分区	保护和不保护	A、P、C、S型
P	专属分区	不保护、保护和清除（每次清除、每日清除、每周清除、每月清除）	C、S型
C	不还原型启动分区	不支持还原	P、S型
S	共享分区	支持每次还原、不保护和清除（每次清除、每日清除、每周清除、每月清除）	P、C型

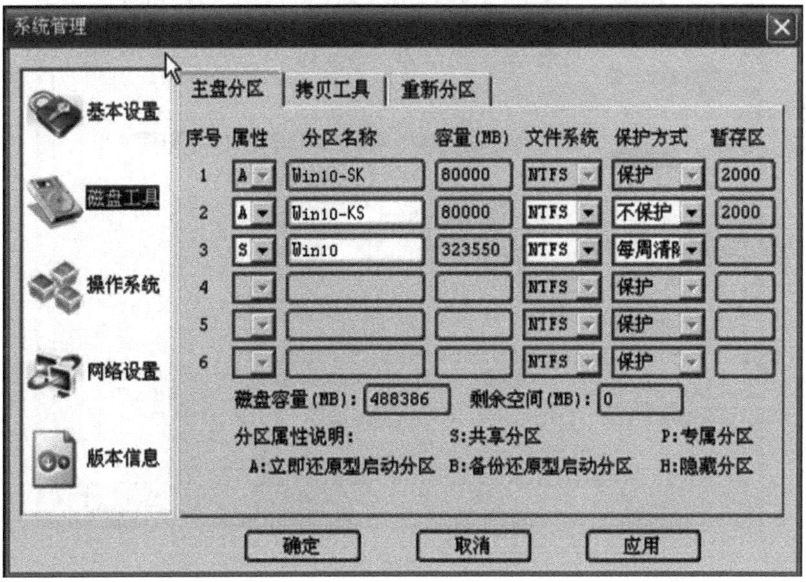

图3-2-5 分区管理界面

分区拷贝功能支持在安装多个相同操作系统时，只需要安装一次操作系统，其他分区的可以通过分区复制即可，建议目标分区和源分区的容量一样大。拷贝工具界面如图 3-2-6 所示。

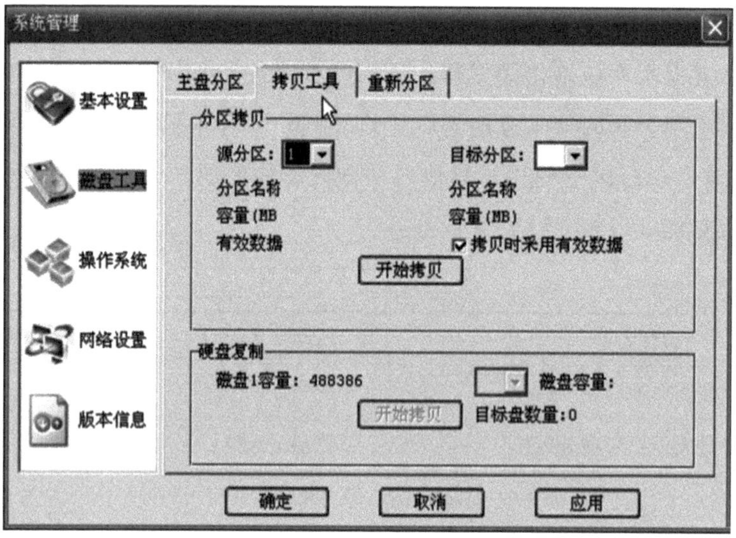

图 3-2-6　拷贝工具界面

重新分区功能将重新规划硬盘分区，现有的磁盘数据将会被破坏，因此，使用该功能前必须提前备份数据。重新分区界面如图 3-2-7 所示。

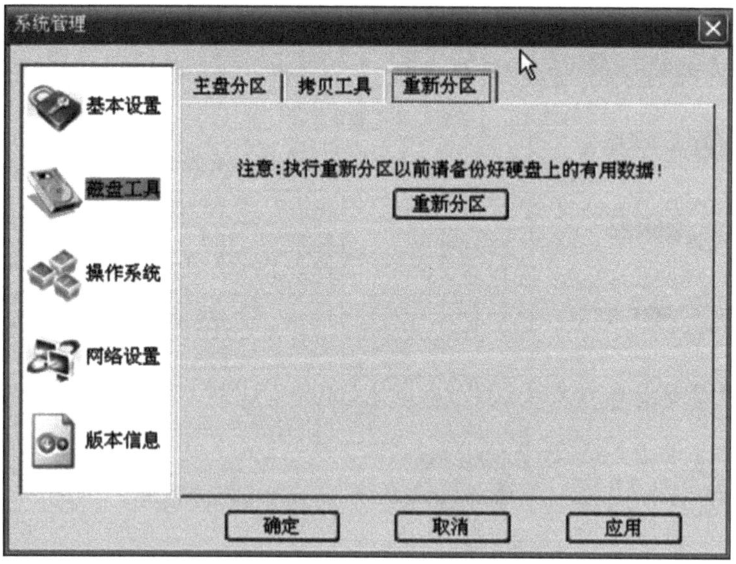

图 3-2-7　重新分区界面

3.2.3　操作系统设置

在操作系统设置模块主要能设置操作系统是否显示，更改还原方式等。操作系统设置界面如图 3-2-8 所示。

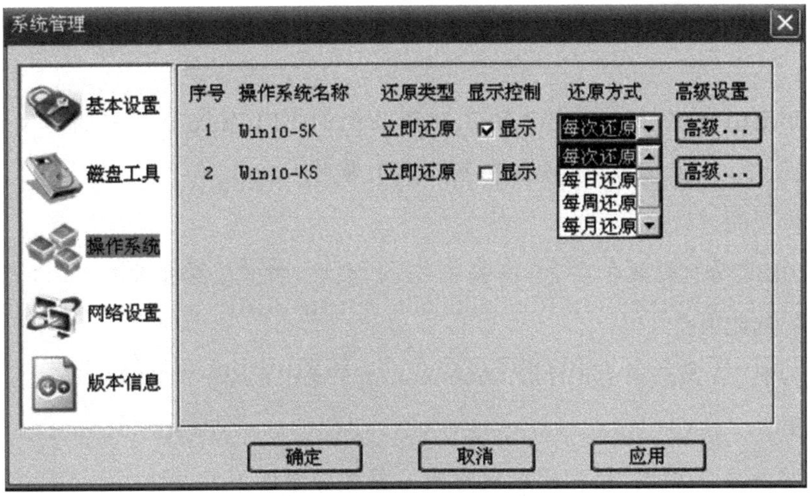

图 3-2-8　操作系统设置界面

显示控制选项可以决定对应的操作系统是否显示在系统选单界面，如果不选择显示，该系统将不再显示在系统选单界面。

还原方式选项决定对应的操作系统受保护的分区的还原方式，有不保护、每次还原、每日还原、每周还原、每月还原等。

高级设置选项用来设置对应操作系统的一些详细信息，如隐藏分区、指定引导文件等。操作系统高级设置界面如图 3-2-9 所示。

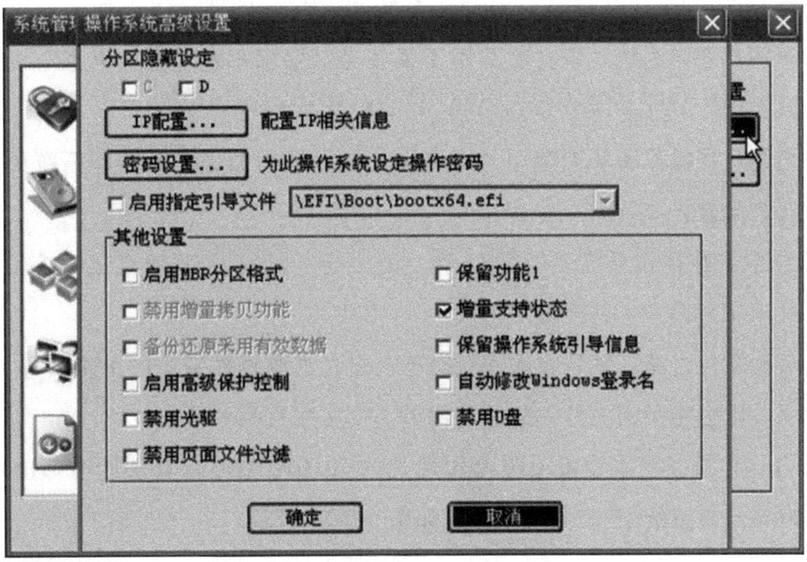

图 3-2-9　操作系统高级设置界面

分区隐藏设定选项可以选择属于该操作系统的哪个分区在操作系统中不被显示，动态地调节了分区的属性，可以达到随时隐藏分区的效果，只可以隐藏 C 分区以外的分区。

启用指定引导文件选项主要用在操作系统的 EFI 系统分区中的启动文件不是 bootx64.efi 时，勾选该选项，并选择指定的引导文件。

其他设置的含义如下：

启用 MBR 分区格式：在 BIOS 是 Legacy 模式，并且安装是非 GPT 格式的操作系统，需要勾选此项。

保留功能 1：该选项主要针对 Windows 2003 操作系统不能正确获得硬盘信息，需要勾选此项。

禁用增量拷贝功能：禁用了增量拷贝，就和普通保护卡一样，不支持增量拷贝功能，用户不喜欢用增量的情况就可以针对某些操作系统去关闭增量拷贝的功能。

增量支持状态：对于没有关闭增量拷贝支持的 A 属性的操作在保护模式下传输完成后该项会自动打钩，通过该项可以确定该操作系统现在的增量支持状态。

备份还原采用有效数据：这个勾选上就表示备份还原用有效数据，否则是整个分区的备份，包括网络拷贝的情况也是一样。

保留操作系统引导信息：主要针对一些特殊的操作系统，如 Sun 的 Solaris。

启用高级保护控制：勾选这个选项，可以增强保护系统的安全性。

自动修改 Windows 登录名：为操作系统建立独立的登录名，而不全部使用 Administrator 用户登录系统，该功能适用于某些考试要求每台计算机有独立的用户名的情景。

禁用光驱：在操作系统下禁用光驱读取光盘，该功能必须是操作系统处于保护模式，其他模式无效。

禁用 U 盘：在操作系统下禁用 U 盘，该功能不影响 USB 键盘鼠标等设备；操作系统必须处于保护模式，其他模式无效。

禁用页面文件过滤：默认在保护状态下会自动滤除操作系统的虚拟内存页面文件，若勾选此项，则会将页面文件一起进行保护。

IP 配置：该选项用来设置对应操作系统的 IP 配置策略，点击后会弹出单系统 IP 配置策略窗口。单系统 IP 配置策略界面如图 3-2-10 所示。

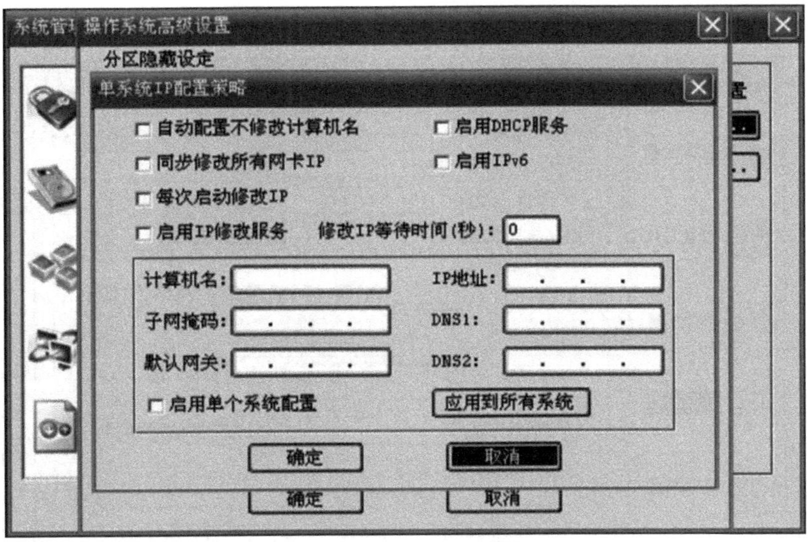

图 3-2-10 单系统 IP 配置策略界面

单系统 IP 配置策略中各选项的含义如下：

自动配置不修改计算机名：网络拷贝或者增量拷贝完成以后，接收端自动配置过程中不修改计算机名称。

同步修改所有网卡 IP：针对 Windows 出现多个“网络链接”的情况，比如发送端为“本地连接”，接收端为“本地连接 2”，使接收端上的不同“本地连接”也能正常分配到 IP。如果还是分配不成功，则需要把“延时修改 IP”也一起勾选上才可以。

启用 DHCP 服务：选中该项在分配 IP 地址的时候其他的操作系统可以分配 IP 地址，而这个操作系统不会分配。

启用 IPv6：给操作系统配置 IPv6 模式的 IP 地址。

每次启动修改 IP：每次进入操作系统自动修改一次 IP 地址，将系统里的 IP 地址修改得和保护卡设置的相同。

启用 IP 修改服务：针对接收端出现不同网络链接，启用服务来修改 IP。

修改 IP 等待时间（秒）：针对 Windows 出现多个“网络链接”的情况，配合“同步修改所有网卡 IP”和“启用 IP 修改服务”实现修改 IP 功能，此时间主要是等待 Windows 发现网卡时间。

启用单个系统配置：针对不同系统分配不同 IP 的功能设定。

3.2.4 网络设置

选择网络设置按钮进入网络设置界面，可以进行网络拷贝设置和网卡选择等设置，网络设置界面如图 3-2-11 所示。

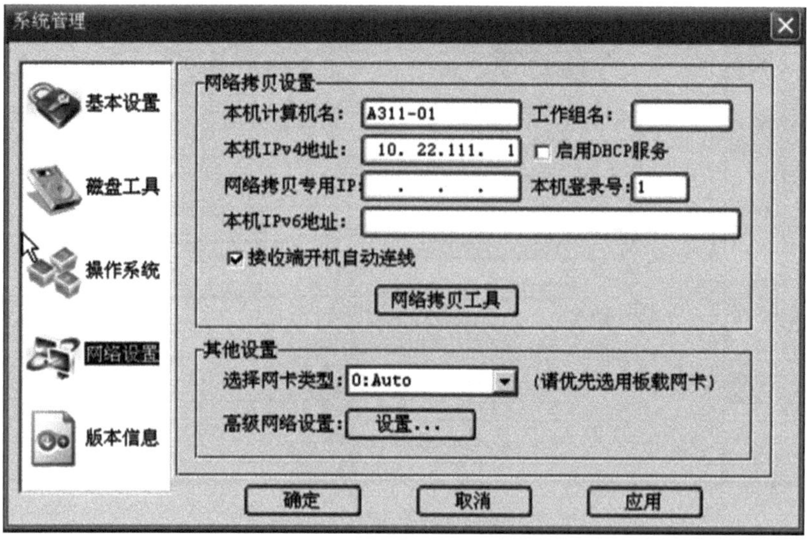

图 3-2-11　网络设置界面

在网络拷贝设置界面中，用户可配置以下参数：本机名称、工作组名称、本机 IPv4 地址、本机 IPv6 地址以及接收端开机自动连接功能。其中，接收端开机自动连接功能指当网络中已有发送端处于“等待登录”状态时，接收端将自动与发送端建立连接。通过点击“网络拷贝工具”按钮可进入网络拷贝发送端操作界面，具体使用方法将在后续章节详细说明。此外，该界面还提供网卡类型选择功能，当安装保护卡驱动过程中出现网卡识别错误时，用户可在此手动指定需使用的正确网卡类型。网卡绑定设置界面如图 3-2-12 所示。

图 3-2-12　网卡绑定设置界面

3.2.5　版本信息

版本信息界面主要有增霸卡软件当前版本信息和系统卸载功能，版本信息栏显示软件版本、版本日期和技术支持电话等。系统卸载栏有开始卸载按钮，如果卸载软件，仅保留最后进入操作系统，其他系统都会丢失，因此在进行卸载操作前，必须备份重要数据。版本信息界面如图 3-2-13 所示。

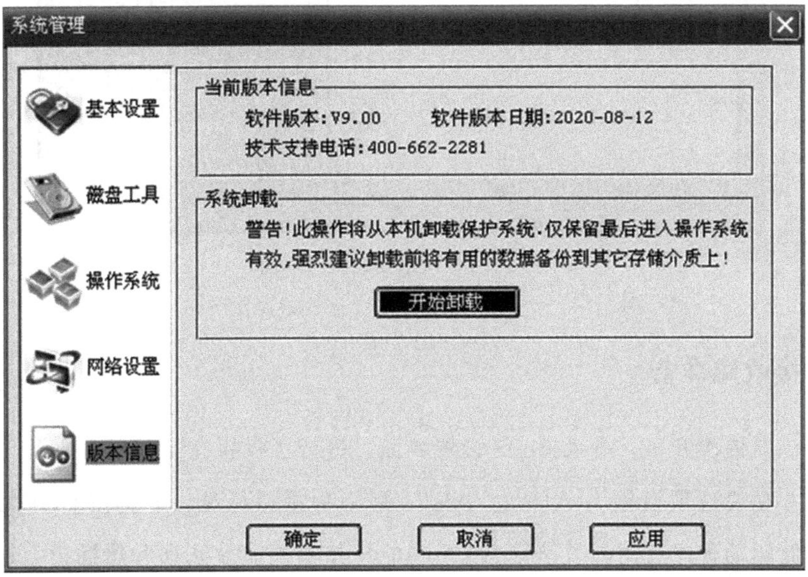

图 3-2-13　版本信息界面

第三节　网络部署

安装第一台计算机后，可以利用增霸卡的网络拷贝功能借助网络将此计算机的系统克隆给其他同配置的计算机。

3.3.1　发送端准备

在增霸卡管理界面中选择网络设置模块，打开“网络拷贝工具”，弹出选择网络模式对话框，该模式下包括安装客户端模式和数据传送模式两部分。安装客户端模式用于第一次给客户端安装底层驱动以及分配计算机名和 IP 地址。数据传送模式用于客户端已经有底层驱动和 IP 地址的情况下，用此模式给客户端传输操作系统和数据。

选择安装客户端模式并点击确定后，进入网络安装模式，该模式仅有远程唤醒和等待登录两个按钮，由于第一次安装，还没有保存客户机的 MAC 地址信息，因此无法使用远程唤醒功能；点击等待登录按钮，进入等待模式。网络安装模式界面如图 3-3-1 所示。

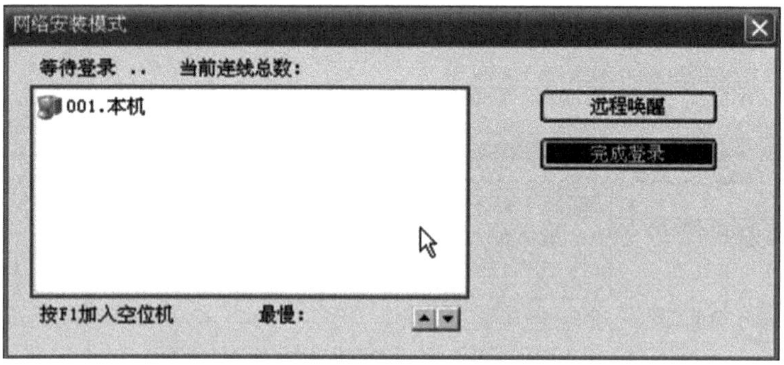

图 3-3-1　网络安装模式界面

3.3.2　接收端准备

其他机器依次开机，进入 BIOS 设置界面，进行必要的设置：

SATA 仿真选项设置为 AHCI。AHCI 是一种接口标准，专为 SATA 接口设计，它允许存储驱动程序启用高级串行 ATA 功能，如本机命令队列和热插拔。通过在 BIOS 中选择 AHCI 模式，操作系统可以自动加载 AHCI 驱动，从而发挥 SATA 硬盘的潜在加速功能，尤其对于固态硬盘来说，使用 AHCI 模式能够显著提升性能。传统的 IDE 模式主要是为了兼容旧的操作系统而设计，它将 SATA 硬盘映射模拟成普通 IDE 硬盘，无需额外加载 SATA 驱动。然而，这种做法限制了 SATA 硬盘的性能发挥。RAID 模式主要应用于服务器和高端存储领域，它通过数据冗余的方式提高硬盘读写性能和数据安全性。选择 RAID 模式需要配置多个硬盘驱动器来构建 RAID 阵列，适合需要高性能存储和大规模数据处理的场景。但需要注意的是，RAID 模式对硬件要求较高，普通用户在没有配置相应硬件的情况下使用可能会导致性能下降或不稳定。

S4/S5 唤醒 LAN 设置为启用。S3 表示睡眠状态，S4 表示休眠状态，S5 表示关机状态。该选项启用后，主板在这些状态下，网卡会处于待机（Standby）状态，随时可以被“魔术包”唤醒。

网络启动设置为启用。该选项表示是否允许从网络上的某个设备（如 TFTP 服务器、NFS 服务器、PXE 服务器等）加载启动文件，而不从本地硬盘或其他本地媒体启动。

安全启动模式设置为禁用。在 UEFI 固件中引入安全启动模式的目的是防止恶意软件在系统启动时加载，它通过验证操作系统的数字签名来确保只有受信任的软件能够启动。常用的系统部署工具不支持安全启动，所以需要关闭该功能。

设置完毕后保存并重新启动计算机，计算机开机自检过程中发现安全引导模式已经发生变化，需要用户进行确认，按提示输入对应代码后才能进入下一步操作；再次按 F10 键进入 BIOS 设置，将 NetClone ROM 设置为启用，这是增霸卡的控制开关，保存后重新启动计算机，完成 BIOS 设置。必须设置的 BIOS 设置列表如表 3-3-1 所示。BIOS 设置界面如图 3-3-2 所示。

表 3-3-1　BIOS 设置列表

名称	路径	可选项	值
SATA 仿真 SATA Emulation	配置 Configuration	AHCI/SCSI	AHCI
S4/S5 唤醒 LAN S4/S5 Wake on LAN	配置 Configuration	启用/禁用 Enabled/Disabled	启用
网络启动设置 Network Boot	启动选项 Boot Options	启用/禁用 Enabled/Disabled	启用
安全启动模式 Secure Boot	启动选项 Boot Options	启用/禁用 Enabled/Disabled	禁用
NetClone ROM	配置/设备选项 Configuration/Device Options	启用/禁用 Enabled/Disabled	启用

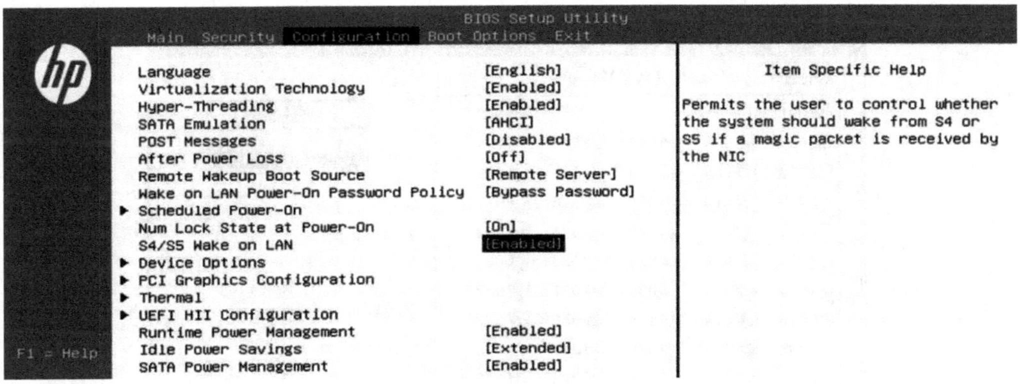

图 3-3-2　BIOS 设置界面

BIOS 设置成功后，重新开机，系统自动进入增霸卡安装界面，可以选择从光盘安装或者从网络安装。增霸卡安装方式选择界面如图 3-3-3 所示。由于已经配置了发送端，因此可以选择从网络安装，如果接收端的网线链接状态正常，会自动登录到发送端，接收端显示接收状态信息。接收端状态信息如图 3-3-4 所示。注意开机过程中按顺序操作，避免 IP 地址和机器名分配混乱。

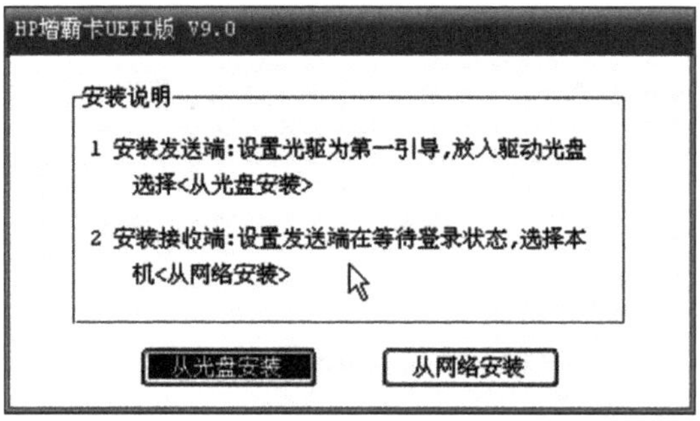

图 3-3-3　增霸卡安装方式选择界面

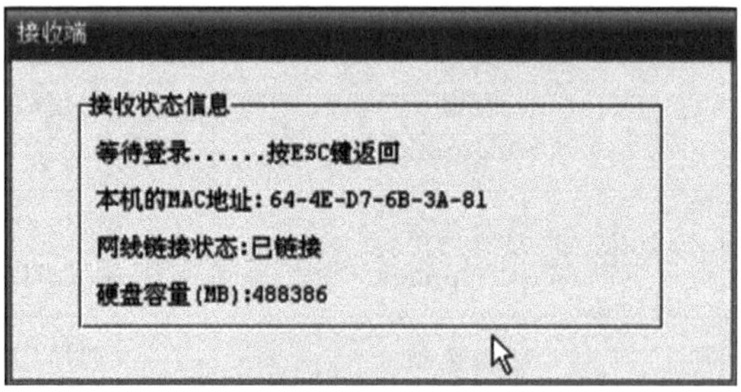

图 3-3-4　接收端状态信息

此时发送端显示已经连接的接收端，所有接收端全部连接后，点击“完成登录”按钮，即可进行下一步操作。接收端登录后网络安装模式界面如图 3-3-5 所示。

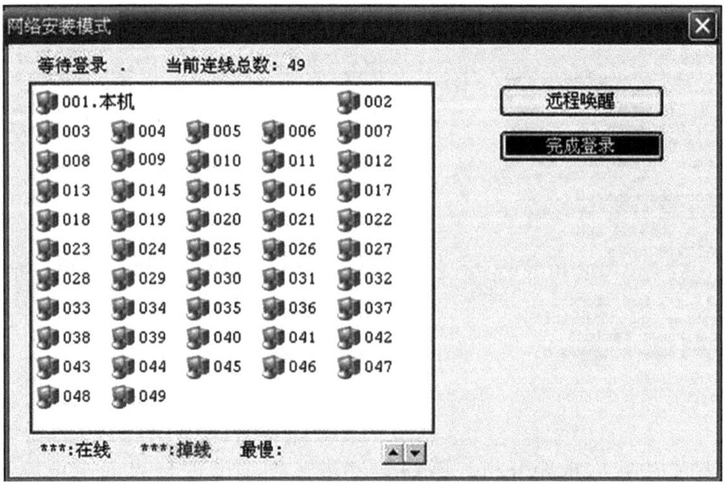

图 3-3-5　接收端登录后网络安装模式界面

接收端全部登录后，先点击“重新分配 IP”，为每一台接收端计算机分配 IP 地址，如果以后接收端将按照第一次安装的号码登录到发送端，不需要再进行任何 IP 分配动作，用户可以勾选“锁定当前分配信息”选项，分配 IP 地址后，点击“网络安装接收端”按钮即可进行安装。安装完毕提示信息如图 3-3-6 所示。

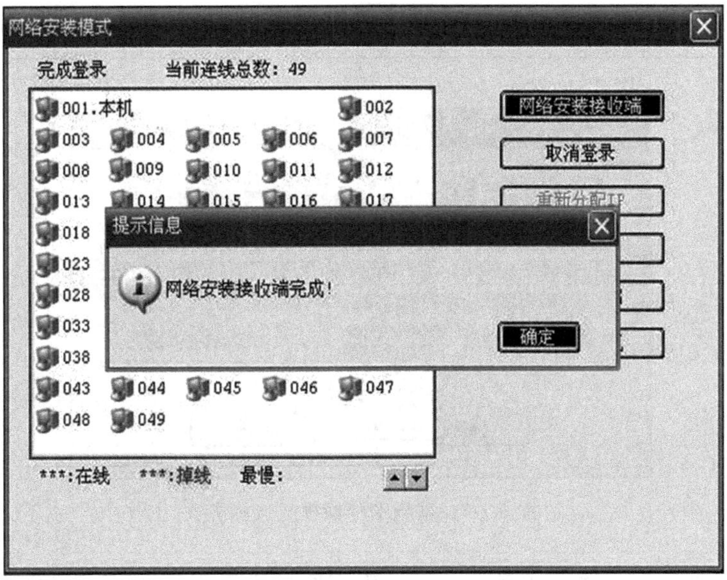

图 3-3-6　安装完毕提示信息

3.3.3　数据传输

数据传输模式包括标准模式、快速模式和 Turbo 模式，标准模式是增霸卡的基本工作模式，适用于日常的数据传输需求，在标准模式下，增霸卡提供稳定的数据传输服务，适合普通的数据读写操作。快速模式通过优化数据传输路径和算法，显著提升数据传输速度，它适用于需要快速数据交换的场景，如大文件的快速复制和备份，如果使用机械硬盘，建议使用该模式。Turbo 模式是增霸卡的高级数据传输模式，通过利用更多的系统资源，实现最快的传输速度，Turbo 模式特别适合处理大规模数据集和实时数据处理任务，能够显著提升数据处理速度和系统响应时间，固态硬盘建议使用这种模式。这些模式的设计使得增霸卡能够适应不同的使用场景，提供灵活高效的数据传输解决方案。增霸卡传输模式一览表如表 3-3-2 所示。增霸卡传输模式选择界面如图 3-3-7 所示。

表 3-3-2　增霸卡传输模式一览表

模式名称	特点	应用场景
标准模式	提供稳定的数据传输服务	适用于网速差的局域网
快速模式	优化数据传输路径和算法，显著提升数据传输速度	计算机使用机械硬盘
Turbo 模式	利用更多的系统资源，实现最快的传输速度	计算机使用固态硬盘

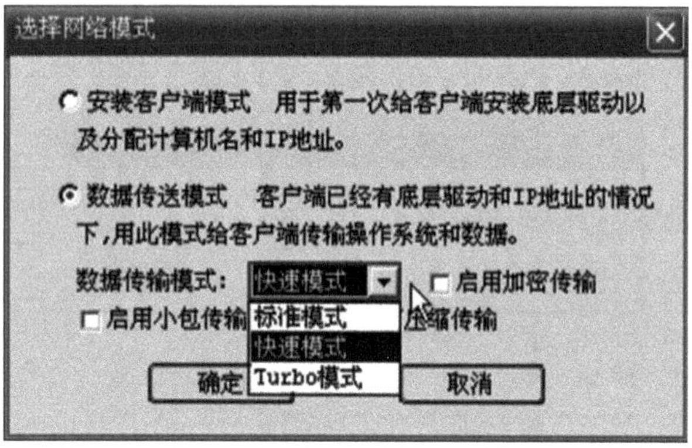

图 3-3-7　增霸卡传输模式选择界面

选择合适的数据传输模式后，点击“确定”进入数据拷贝模式，先点击“等待登录”将刚刚安装完底层驱动的所有接收端再次登录上来，再点击“完成登录”，然后点击“发送数据”就可以开始传输操作系统数据了，发送端界面如图 3-3-8 所示，接收端界面如图 3-3-9 所示。

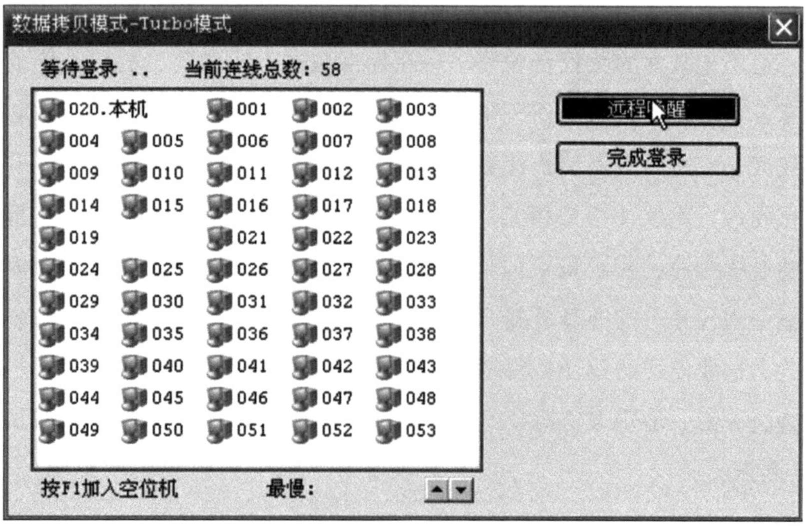

图 3-3-8　发送端界面

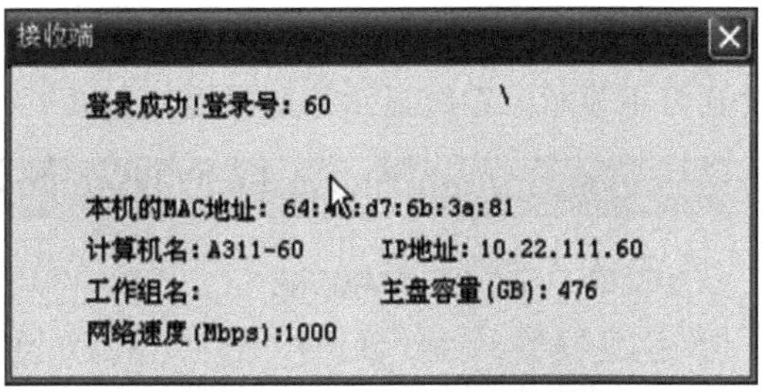

图 3-3-9　接收端界面

第四节　增霸卡日常管理

3.4.1　系统更新

当机房软件需要进行变更（增加、卸载或者修改软件）时，先任意找一台计算机，在系统选单界面选择需要更新的操作系统，按快捷键“Ctrl＋Enter”，以总管模式进入操作系统后可以进行软件的安装或者卸载。

如果安装软件过程中需要重启多次，则重启以后在系统选单界面按快捷键“Ctrl＋K”，以暂时保留模式进入系统。

系统更新后，再次进行网络克隆即可。

3.4.2　系统切换

由于教学的需要，机房系统可能会在多种环境之间进行切换。通常上课时可能需要 Windows 10 系统，有些课程可能会使用 Linux 系统，进行某些考试时，可能需要使用 Windows 7 系统……为了达到这一目的，可以在操作系统设置界面进行设置。

任意选择一台计算机，开机启动时按 Home 键，进入系统管理界面，在基本设置界面将“自动响应操作”设置为“进入默认操作系统”，并将默认操作系统设置为所需要的操作系统即可。操作系统设置界面如图 3-4-1 所示。

为了保证考试数据的安全，通常用于考试的系统会设置为不保护，用户进入该系统后，可以进行任何操作并且重新启动后也不会还原，这种设置存在考试系统被破坏的可能性，为了解决这一问题，可以在操作系统设置界面设置每一个操作系统的显示方式。平时上课时，将用于上课的系统 Win10-SK 设置为显示，将用于考试的系统

Win10-KS 设置为不显示；考试时将用于考试的系统 Win10-KS 设置为显示，将用于上课的系统 Win10-SK 设置为不显示。系统显示控制界面如图 3-4-2 所示。

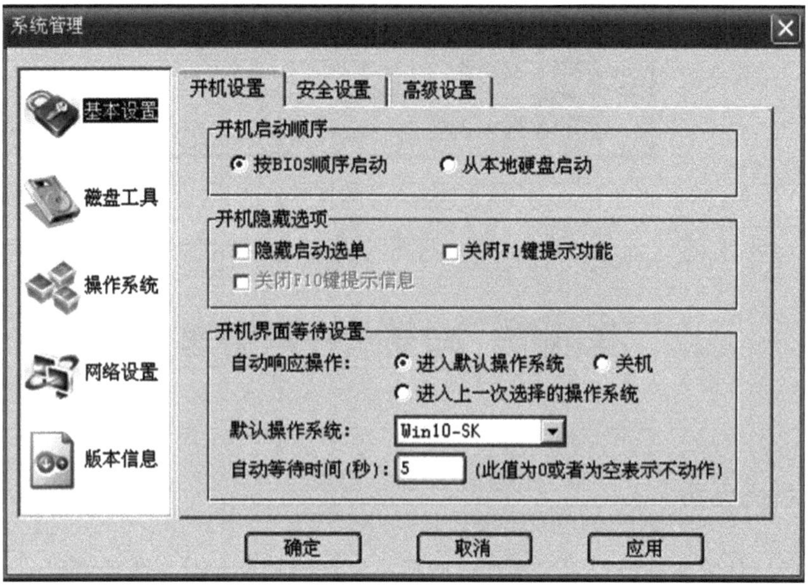

图 3-4-1　操作系统设置界面

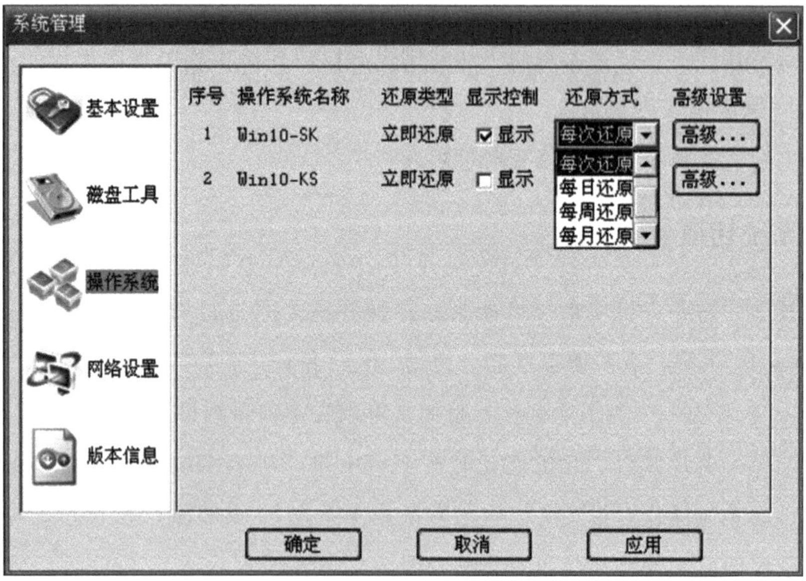

图 3-4-2　系统显示控制界面

第四章　非品牌计算机部署

在非品牌计算机（如组装机或通用 PC）中进行标准化系统部署时，可通过整合 DHCP、TFTP、Symantec Ghost 及 Deep Freeze 工具实现全自动网络克隆与系统保护。首先，在服务器端配置 DHCP 服务，分配 IP 地址池并指定 PXE 启动文件路径（通过选项 66/67 指向 TFTP 服务器 IP 及引导文件），同时 TFTP 服务器提供 PXE 启动所需的 Pxelinux. 0、Ghost 环境镜像等文件。客户端计算机通过 PXE 网卡启动后，自动获取 IP 并加载 Ghost 工具，连接至运行 Ghost Server 的服务器，以多播模式接收预先制作的系统镜像（. GHO 文件），快速克隆至本地硬盘。镜像制作阶段需在模板机完成操作系统、驱动及软件安装后，使用 SysPrep 剥离硬件依赖并生成通用镜像，确保跨硬件兼容性。克隆完成后，通过预装的冰点保护工具（如 Deep Freeze）将系统分区设为冻结状态，使所有用户操作在重启后失效，从而维持系统纯净性。自动化流程可通过 Ghost 命令行参数集成无人值守脚本，实现克隆后自动重启及日志记录，同时需监控 DHCP 分配、克隆进度及冰点状态。此方案适用于机房、公共服务终端等需批量维护的场景，优势在于快速部署、配置一致性及防篡改能力，但需注意硬件差异引发的驱动兼容问题，建议针对不同硬件组制作多镜像或注入通用驱动。后期维护可通过更新模板机镜像重新克隆，或临时解冻冰点进行补丁安装，平衡效率与灵活性。

第一节　DHCP 服务器设置

动态主机配置协议（DHCP）是一种自动化分配 IP 地址及网络配置参数的标准协议，其核心功能在于通过“发现（Discover）、提供（Offer）、请求（Request）、确认（Acknowledge）”四阶段交互流程实现地址动态分配。当客户端首次接入网络时，会以广播形式向全网发送 DHCP Discover 报文，宣告其无 IP 地址状态并搜寻可用 DHCP 服务器；服务器在收到 Discover 报文后，从预设地址池中选取可用 IP 地址，通过 DHCP Offer 报文向客户端提供包含地址、子网掩码、租期等参数的配置方案。若客户端接收到多个服务器的 Offer 响应，通常优先选择首个接收到的提案，并通过广播 DHCP Request 报文与选定服务器建立绑定关系。最终，服务器以 DHCP Acknowledge 报文确认地址分配有效性，客户端正式启用该 IP 地址并加载网关、DNS 等附属网络配置，至此完成完整的地址租赁周期。该协议通过标准化交互机制显著降低了网络管理复杂度，实现了资源配置的自动化与动态优化。

DHCP 的 IP 分配方式主要包括 3 种：动态分配是最常见的模式，按需为客户端临时分配 IP 地址并在租期结束后回收，实现高效资源利用；自动分配则基于客户端 MAC 地址永久分配固定 IP，需服务器长期记录信息；手动分配由管理员静态绑定 MAC 地址与指定 IP，通过 DHCP 下发配置，兼具静态 IP 的稳定性和协议管理的便捷性。3 种方式分别适应不同场景需求，兼顾灵活性与可控性。

4.1.1 安装 DHCP 服务器角色

通过开始菜单打开：点击任务栏左下角的“开始”按钮，在弹出的开始菜单中，找到“Windows 管理工具”文件夹，点击展开它，然后找到“服务器管理器”选项并单击，即可打开服务器管理器。也可以使用快捷键打开：同时按下键盘上的“Win+R”键，打开“运行”对话框，在对话框中输入“servermanager.exe”，然后按下回车键，也能快速打开服务器管理器。服务器管理器界面如图 4-1-1 所示。

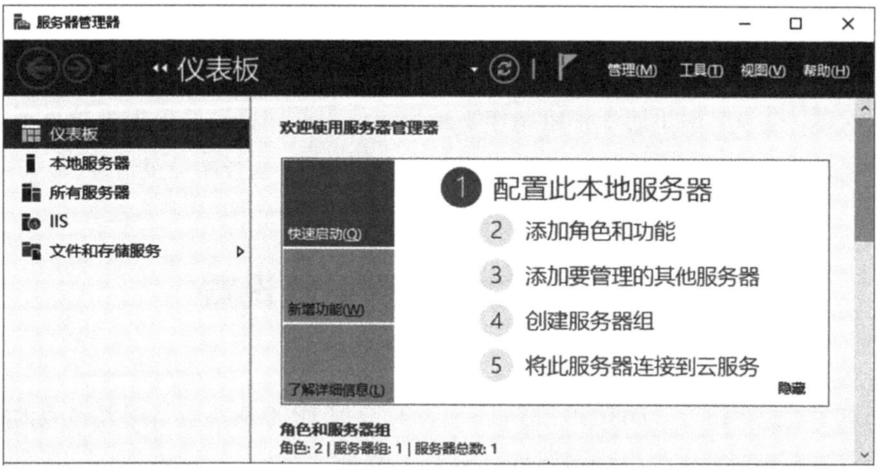

图 4-1-1　服务器管理器界面

进入服务器管理器后，在服务器管理器窗口中点击添加角色和功能链接，这将启动添加角色和功能向导页面。在添加角色和功能向导的开始之前页面直接点击“下一步”按钮。进入选择安装类型页面。选择安装类型界面如图 4-1-2 所示。

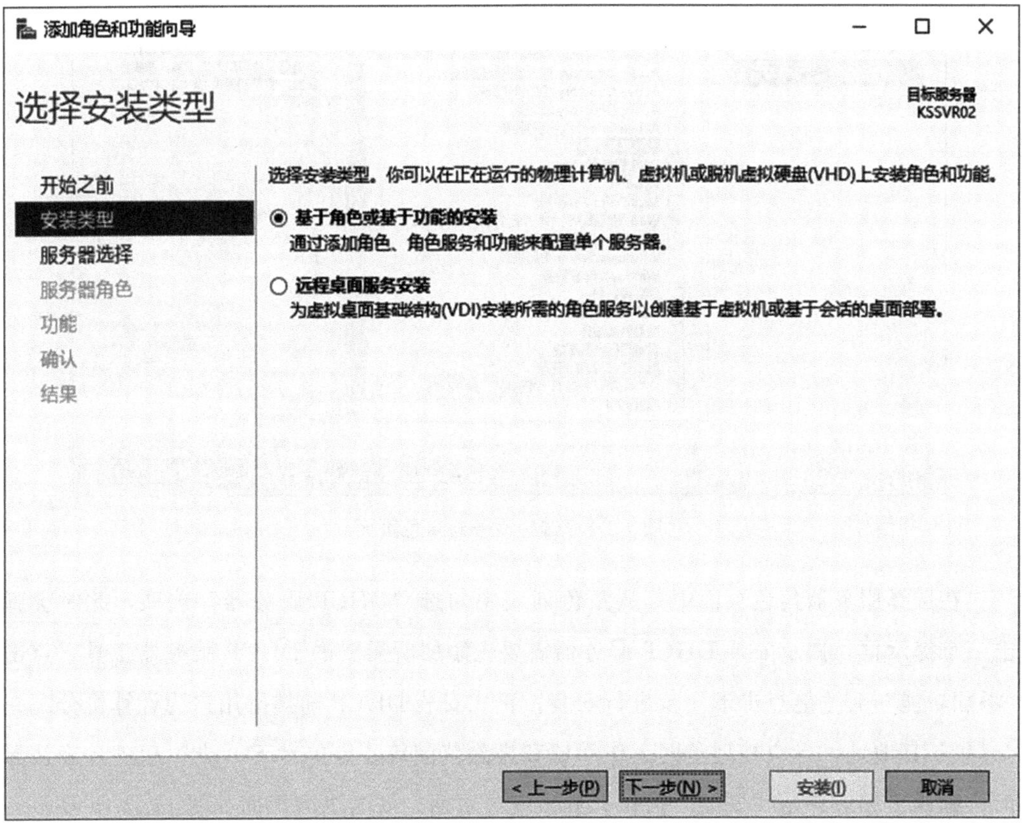

图 4-1-2　选择安装类型界面

在 Windows Server 的安装类型中，“基于角色或基于功能的安装”允许用户手动为单台服务器添加特定角色（如 DHCP、DNS、文件服务）及其子功能，适用于灵活配置常规服务；而“远程桌面服务安装”专为虚拟桌面基础架构（VDI）设计，通过向导自动集成必需角色服务（如 RD 连接代理、虚拟化主机、会话主机等），用于快速部署基于虚拟机或共享会话的桌面环境。前者强调按需定制，后者侧重一站式构建虚拟化桌面所需的组件组合。选择基于角色或基于功能的安装，点击“下一步”，进入“服务器选择”界面，选择“从服务器池中选择服务器”并找到对应服务器，点击“下一步”进入服务器角色页面。选择服务器角色页面如图 4-1-3 所示。

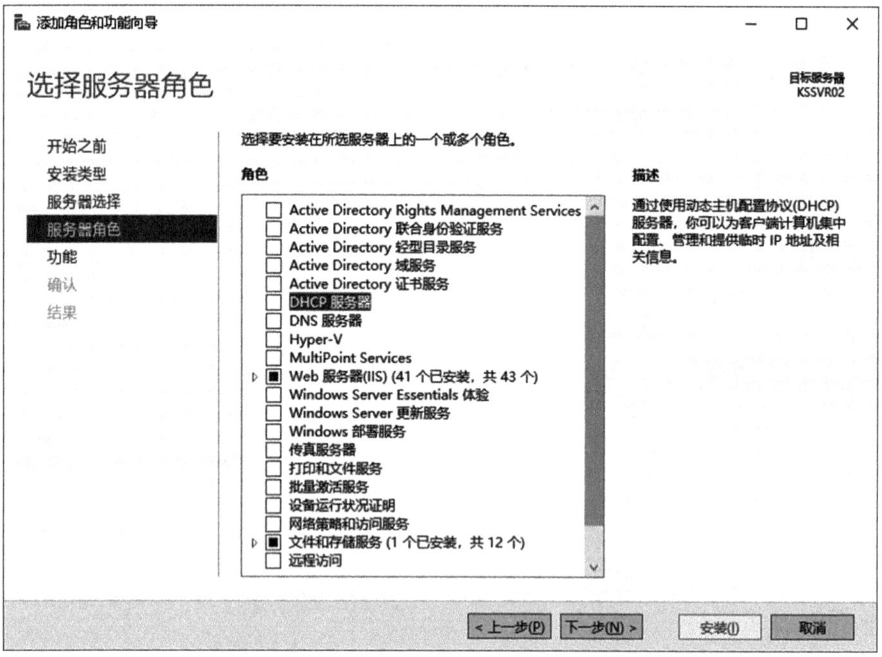

图 4-1-3　选择服务器角色页面

在选择服务器角色页面中，从角色列表中勾选“DHCP 服务器”选项，此时会弹出一个提示框，提示安装 DHCP 服务器需要先添加所需要的 DHCP 服务器工具，点击“添加功能”后才能点击下一步进行安装。正式安装 DHCP 前提醒用户为计算机分配一个静态 IP 地址，且应规划子网、作用域和排除范围等。点击“下一步”后进入确认界面，确认无误后点击“安装”按钮，进入安装页面。安装进度界面如图 4-1-4 所示。

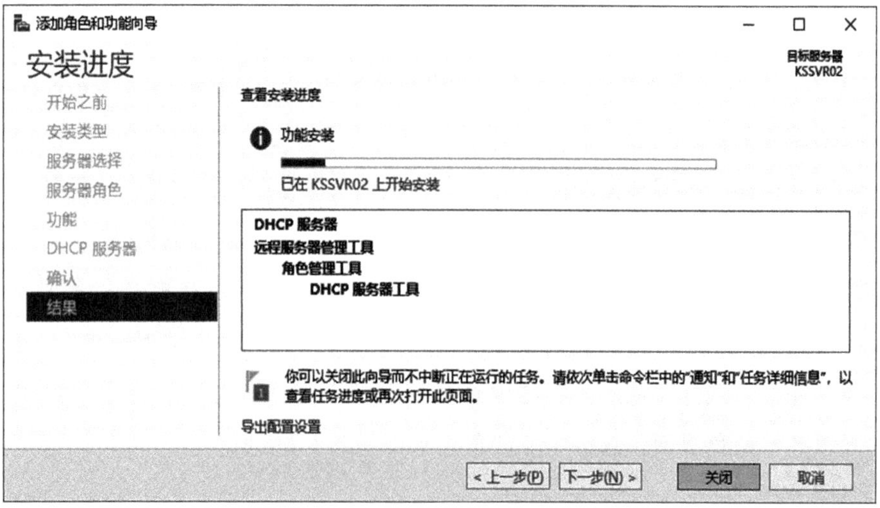

图 4-1-4　安装进度界面

安装完毕后，点击“关闭”按钮，结束安装过程。

4.1.2 配置 DHCP 服务器

DHCP 服务器安装完成后，找到开始菜单中的 Windows 管理工具下的 DHCP 选项，点击该选项可以启动 DHCP 服务器。DHCP 服务器界面如图 4-1-5 所示。

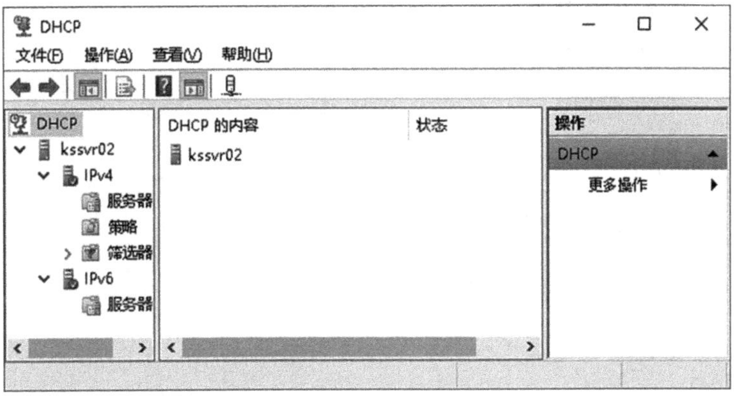

图 4-1-5　DHCP 服务器界面

选中 IPv4 选项，在操作菜单中选择“新建作用域……”选项即可弹出新建作用域向导，在欢迎界面点击“下一步”按钮，进入作用域名称输入界面，在此输入此作用域的名称和描述。这些信息可帮助用户快速识别该作用域在网络中的使用方式。作用域名称输入界面如图 4-1-6 所示。

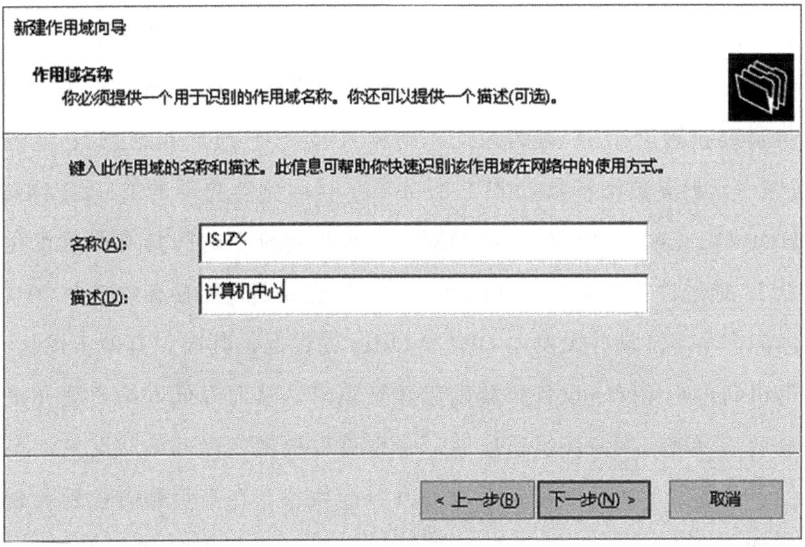

图 4-1-6　作用域名称输入界面

点击“下一步”，进入 IP 地址范围页面，设置作用域的 IP 地址范围，包括起始 IP 地址、结束 IP 地址以及子网掩码等。IP 地址范围界面如图 4-1-7 所示。

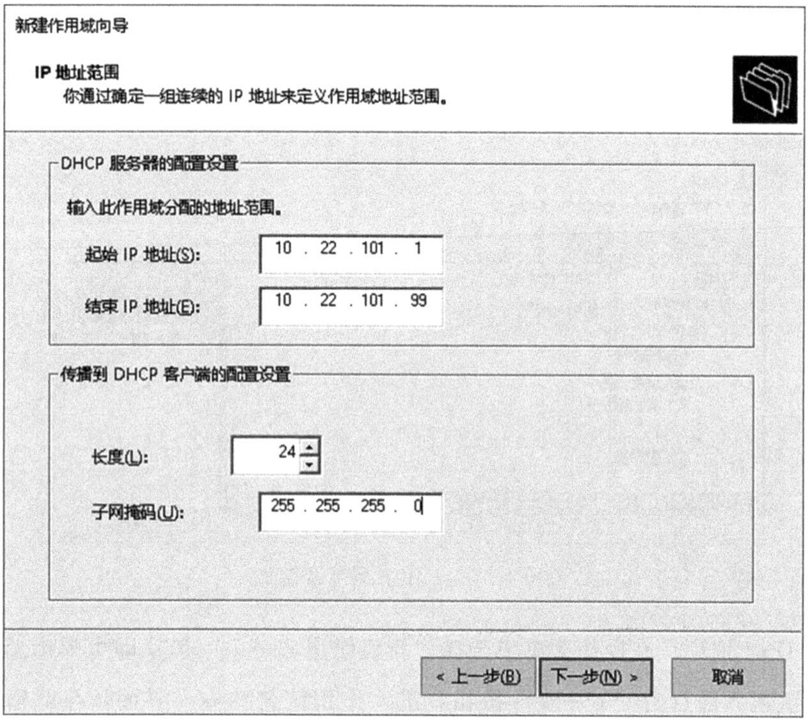

图 4-1-7　IP 地址范围界面

配置完 IP 地址范围后，点击“下一步”按钮进入添加排除和延迟设置界面。排除功能用于标识已被特定设备占用的地址或地址段，确保 DHCP 服务器不会重复分配这些地址资源，仅排除某个 IP 地址，在起始 IP 地址栏输入 IP 地址，点击“添加”按钮即可，如果需要排除某个 IP 段的地址，则输入起始 IP 地址和结束 IP 地址，再点击“添加”按钮。延迟参数则特指 DHCP 服务器从接收到客户端的 DHCP Discover 报文至发送 DHCP Offer 响应之间的时间间隔。合理配置延迟时间具有多重优化效果：首先，可降低 IP 地址冲突概率，通过设置恰当的延迟周期，能够有效减少 DHCP 服务器在短时间内向多个客户端并发发送 DHCP Offer 的情况；其次，有助于优化网络性能，适度的延迟机制可避免网络设备频繁发起地址请求，从而降低网络负载并提升整体运行效率；最后，可增强网络环境适应性，管理员可根据实际网络状况灵活调整延迟参数——在低负载场景下适当缩短延迟以提升分配效率，在高负载时段延长延迟时间则能有效缓解服务器压力，实现动态资源优化配置。添加排除和延迟界面如图 4-1-8 所示。

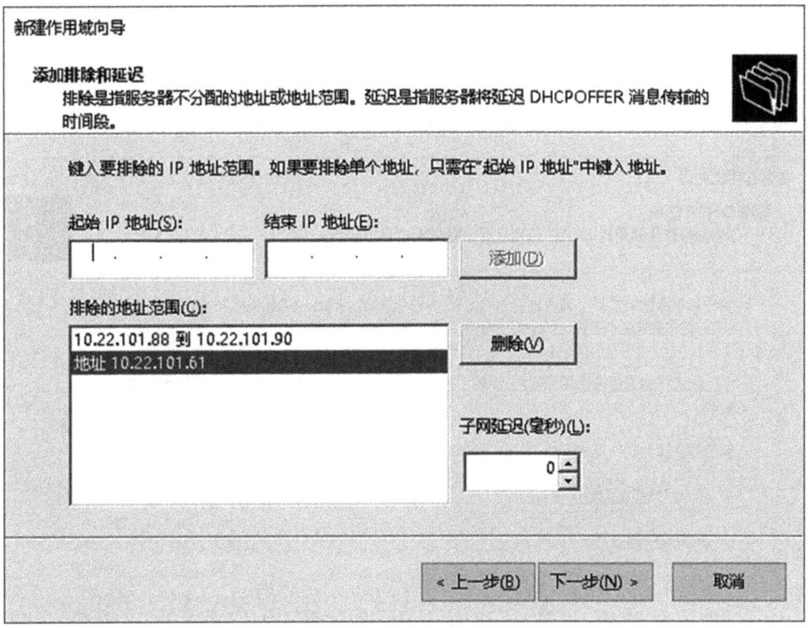

图 4-1-8　添加排除和延迟界面

点击“下一步”按钮进入租用期限页面，在该界面可以设置客户端从 DHCP 服务器获取 IP 地址的租用期限。默认情况下，租用期限为 8 天，根据实际需求，可以调整租用期限的长短。租用期限界面如图 4-1-9 所示。

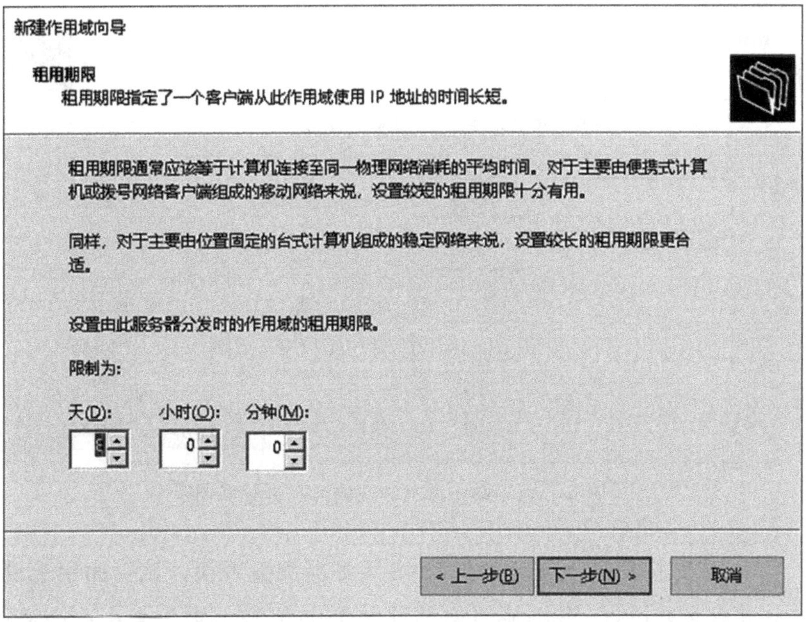

图 4-1-9　租用期限界面

点击“下一步”进入配置DHCP选项页面，选择“是，我想现在配置这些选项”选项，然后点击“下一步”。这一步将配置一些常用的DHCP选项，如路由器（网关）、DNS服务器、域名等信息。配置DHCP选项界面如图4-1-10所示。

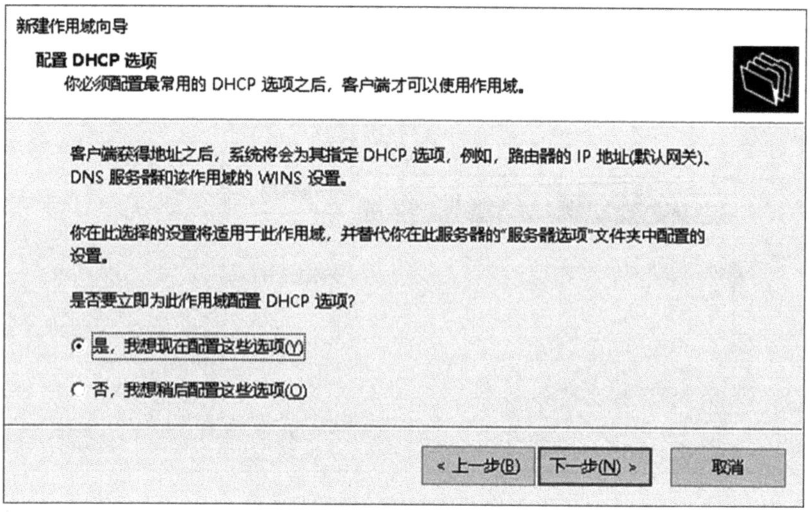

图4-1-10　配置DHCP选项界面

点击“下一步”进入路由器（默认网关）设置页面，可以输入路由器的IP地址或者网关地址。路由器（默认网关）设置界面如图4-1-11所示。

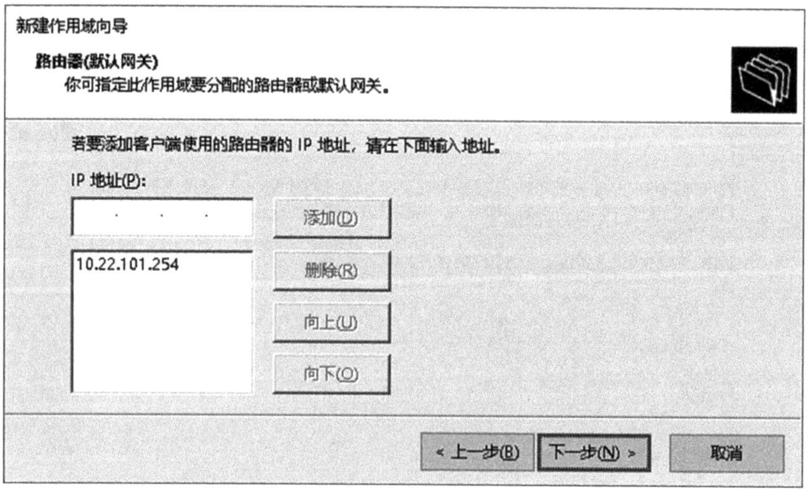

图4-1-11　路由器（默认网关）设置界面

点击“下一步”按钮进入域名称与DNS服务器配置页面，该页面用于设定客户端计算机的DNS服务器信息。系统默认已自动将DHCP服务器自身配置的DNS服务器地址预设为客户端DNS参数，管理员可根据实际网络架构需求在此界面进行定制化修改，确保客户端设备能够准确解析域名并访问网络资源。域名称与 DNS 服务器配置界面如图 4-1-12 所示。

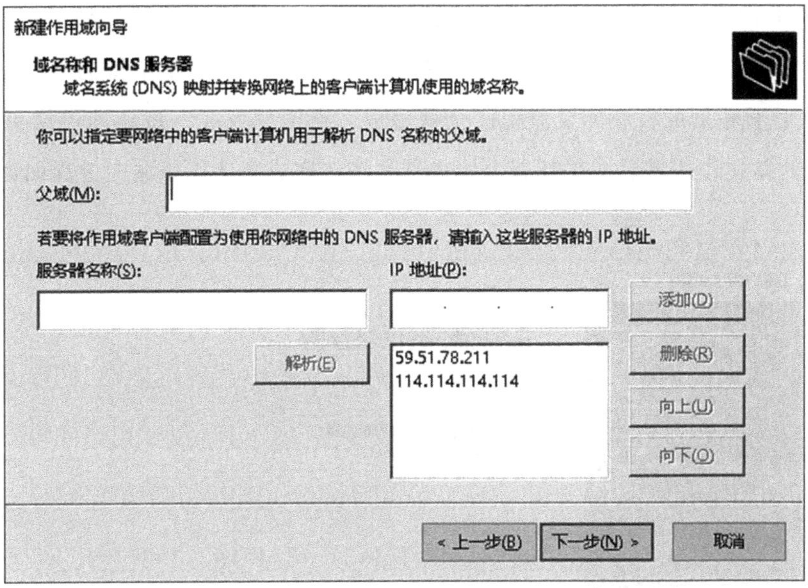

图 4-1-12　域名称与 DNS 服务器配置界面

点击“下一步”按钮进入 WINS 服务器设置页面，WINS 是微软开发的域名服务系统，它为 NetBIOS 名字提供名字注册、更新、释放和转换服务，这些服务允许 WINS 服务器维护一个将 NetBIOS 名链接到 IP 地址的动态数据库，大大减轻了网络交通的负担。但是随着域名系统的普及，IPv6 的推广以及网络安全方面的原因，WINS 服务器已经很少使用。点击“下一步”按钮进入“激活作用域”页面，可以选择立即激活，也可以选择稍后激活。激活作用域界面如图 4-1-13 所示。

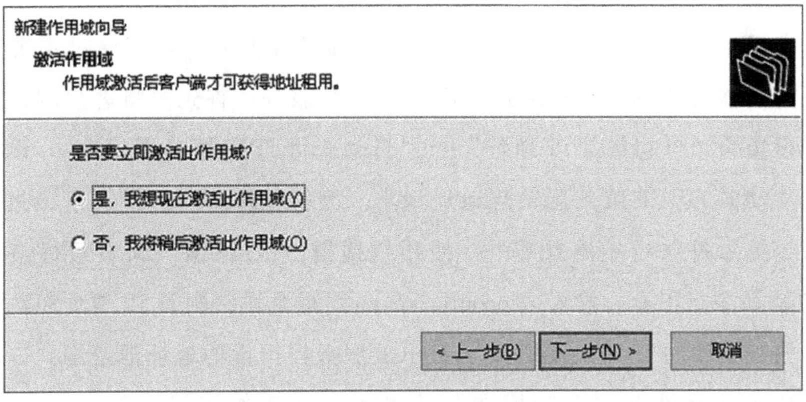

图 4-1-13　激活作用域界面

点击“下一步”按钮，进入完成新建作用域向导页面，激活操作是 DHCP 服务生效的必要条件，只有完成此步骤客户端设备才能正常获取 IP 地址租约。系统默认选择“立即激活此作用域”选项，若需暂缓激活可通过单选按钮切换至“稍后激活”模式。确认激活状态后，继续点击“下一步”将跳转至“完成新建作用域向导”最终页面，此时 DHCP 服务器的核心配置流程已全部完成，点击“完成”按钮即可结束整个安装过程，至此新建作用域已成功部署至服务器环境。完成新建作用域向导界面如图 4-1-14 所示。

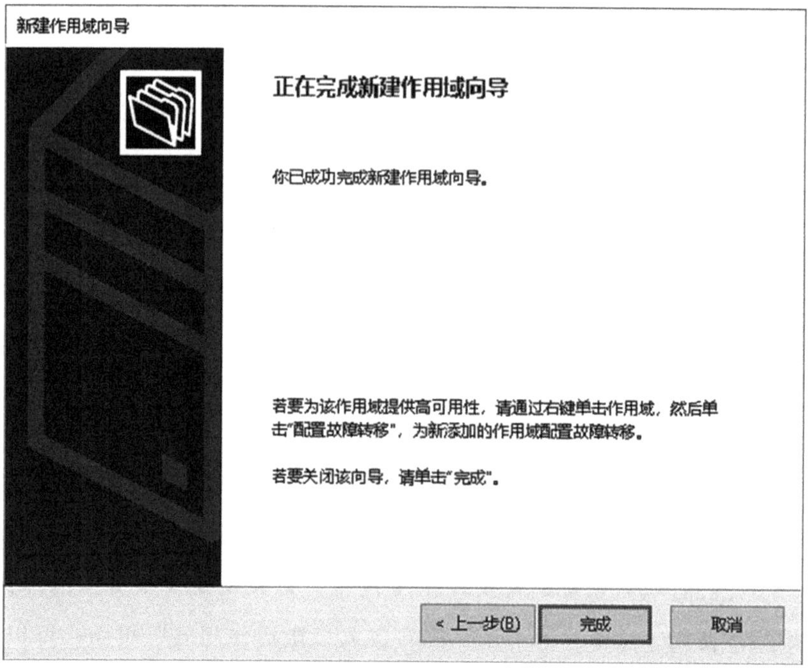

图 4-1-14　完成新建作用域向导界面

在完成 Windows Server 2012 R2 的 DHCP 服务器配置后，需通过系统化验证与测试确保其能够为客户端提供稳定的 IP 地址分配服务。首先需将客户端计算机的网络适配器设置为“自动获得 IP 地址”与“自动获得 DNS 服务器地址”，设置成功后客户端将主动向 DHCP 服务器发起地址请求。为验证配置有效性，可通过 Windows 系统的命令提示符执行检测操作——使用快捷键“Win＋R”调出运行窗口，输入“cmd”启动命令行工具，输入“ipconfig/renew”指令强制刷新 IP 地址租约。执行完成后，需核查返回的 IP 地址是否属于 DHCP 服务器预设的地址池范围，以此确认地址分配策略的准确性与服务端配置的完整性。新建作用域后的 DHCP 界面如图 4-1-15 所示。

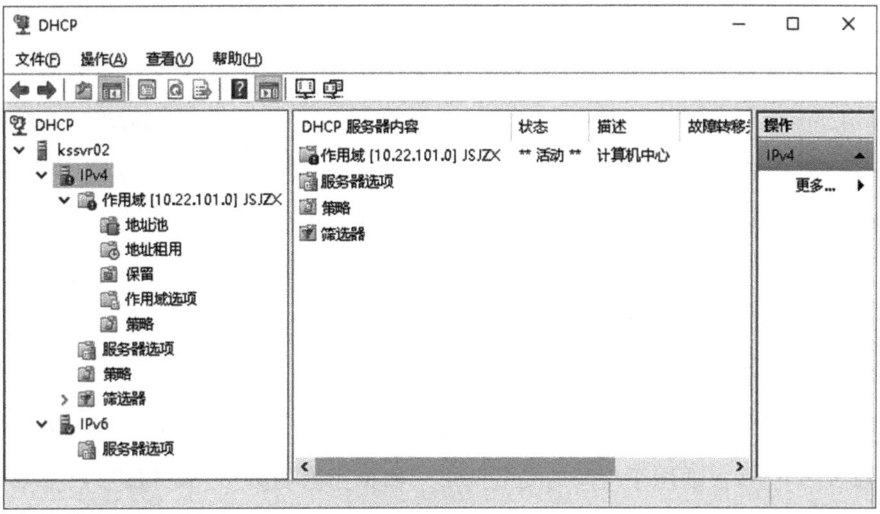

图 4-1-15　新建作用域后的 DHCP 界面

第二节　TFTP 服务器设置

TFTP 是一个传输文件的简单协议，它是一种专为小文件传输设计的轻量级协议，起源于 20 世纪 80 年代，最初被用于引导无盘工作站或网络设备。它的核心设计理念是极简主义，去除了复杂的功能以降低实现难度和资源消耗。

TFTP 基于用户数据报协议（UDP）运行，默认使用端口 69。由于 UDP 是无连接、不可靠的数据传输，因此 TFTP 本身不内置可靠性机制，而是通过简单的超时重传和块确认（ACK）来确保数据传输。每个数据包的大小固定为 512 B，传输过程中客户端和服务器会按序交换数据块和确认包。若某个数据块未在指定时间内收到确认，发送方会重新发送该块。这种设计使得 TFTP 在局域网等低延迟环境中能快速完成小文件传输，但在高丢包率的网络（如互联网）中效率较低。

TFTP 最常见的用途是在网络设备管理中。例如，管理员可以通过 TFTP 服务器为思科路由器上传新的固件或备份配置文件。另一个经典场景是无盘工作站的网络启动，计算机通过 PXE（预启动执行环境）从 TFTP 服务器下载引导程序，进而加载操作系统。此外，工业控制设备或嵌入式系统（如智能摄像头、物联网终端）由于硬件资源有限，常使用 TFTP 进行固件更新或配置同步。在自动化运维中，它也用于快速分发小型脚本或日志收集。

TFTP的操作流程可分为4个阶段：首先，客户端向服务器的69端口发起读(RRQ)或写(WRQ)请求，声明目标文件名及传输模式(ASCII或二进制)；随后，服务器切换至随机临时端口与客户端通信，释放69端口以接收其他请求；接着，文件被切分为512 B的数据块依次传输，每发送一个块即等待包含对应编号的ACK确认包，超时未收到则自动重传；最后，当传输的数据块小于512 B时视为终止，若恰好为512 B则需追加一个空包作为结束标志，确保双方同步完成传输。整个过程通过简单的请求-确认机制实现基础可靠性，但依赖网络稳定性。

TFTP的极简设计牺牲了安全性。它不提供任何身份验证机制，攻击者若能够访问网络，可能随意读取或覆盖服务器上的文件。此外，数据以明文形式传输，易被窃听。因此，TFTP仅适用于封闭的受信网络(如企业内网)，且服务器应严格限制可访问的目录权限。在公网环境中，必须通过防火墙规则、IP白名单或VPN隧道加以保护。值得注意的是，TFTP不支持目录列表、文件重命名或断点续传，传输大文件时效率低下且容易中断。

在常用的TFTP工具中，Tftpd32、Tftpd64及SolarWinds TFTP Server是主流选择。

4.2.1 Tftpd32/64

Tftpd32/64作为一款基于Windows平台的开源软件，集成了DHCP、TFTP、DNS、SNTP和Syslog服务功能，同时内置TFTP客户端，支持TFTP V2协议标准与IPv6通信，具备较强的多协议兼容性与网络管理能力。其操作界面直观简洁，适用于需要快速部署轻量级文件传输及网络配置服务的场景，可有效满足自动化IP地址分配、固件升级等典型应用需求。Tftpd运行界面如图4-2-1所示。

图4-2-1 Tftpd运行界面

在实际部署环境中，客户端设备逐台启动时可正常通过Tftpd服务器获取IP地址及启动文件，但使用电子教室软件等工具进行批量开机操作时，服务端可能因瞬时连接请求量过大而触发异常，具体表现为服务器响应中断或报错。此现象主要由 TFTP 的无连接 UDP 特性及服务器并发处理能力限制导致——前者缺乏流量控制机制，易在突发高负载场景下引发数据包丢失或队列阻塞；后者受限于线程资源、内存分配等软硬件配置，难以承载大规模客户端同时发起的连接请求。Tftpd 错误提示界面如图 4-2-2 所示。

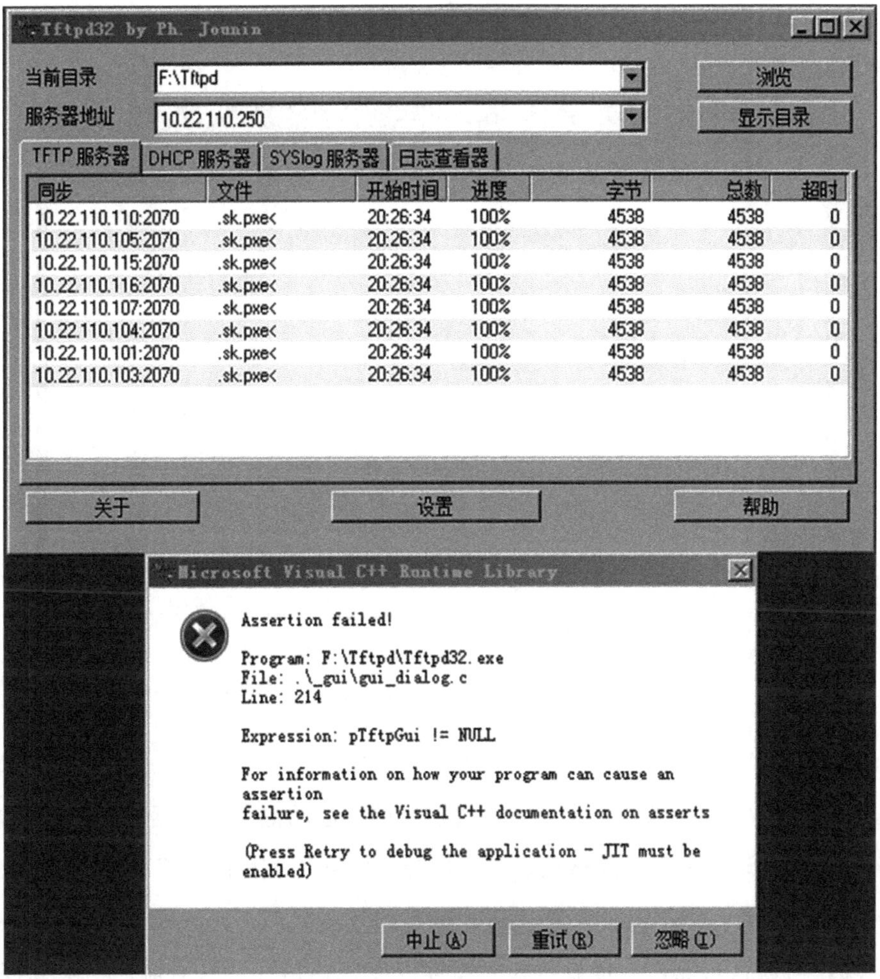

图 4-2-2　Tftpd 错误提示界面

4.2.2　SolarWinds TFTP Server

SolarWinds TFTP Server 是一款面向企业级应用的高性能 TFTP 服务器解决方案，在传统 TFTP 基础上强化了功能扩展与安全管理能力。其核心价值体现在图形化界面操作与细粒度权限管控体系，支持多线程并发传输机制，适用于网络设备配置备份、固件版本迭代及大规模文件分发等高频率 IT 运维场景。相较于轻量级开源工具，该软件额外提供 IP 白名单访问控制、传输日志审计追踪、自定义根目录约束等企业级功能，有效防范未授权操作风险。同时，其兼容 Octet、NetASCII 等多种传输模式，支持与自动化脚本无缝集成，并可实时监控文件传输进度及异常状态，显著提升复杂网络环境中 TFTP 服务的可靠性与管理效能。该工具特别适配中大型企业或需满足合规审计要求的组织机构，其功能界面布局清晰直观，兼顾操作便捷性与业务连续性保障。SolarWinds TFTP Server 运行界面如图 4-2-3 所示。

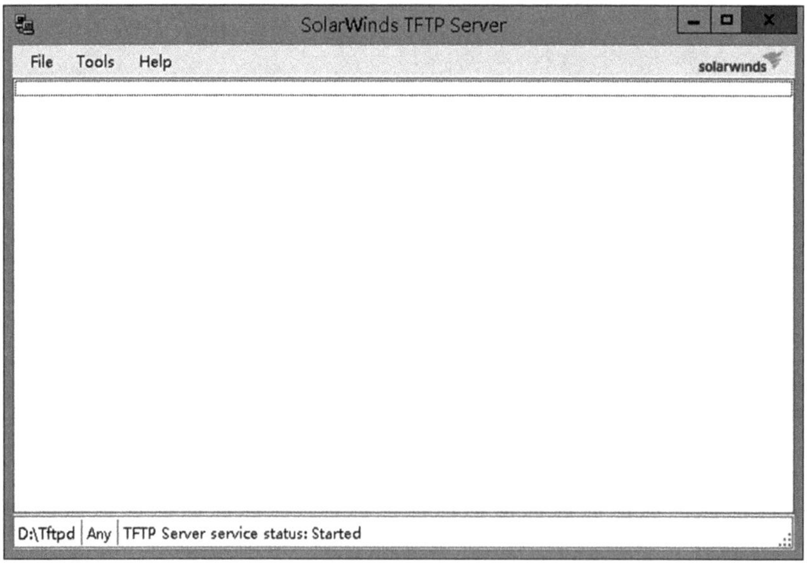

图 4-2-3　SolarWinds TFTP Server 运行界面

SolarWinds TFTP Server 的配置流程简明直观，用户可通过点击 File 菜单中的 Configure 选项快速进入设置界面。该配置窗口的核心功能模块包括服务状态控制、任务栏图标可见性设置及根目录路径定义三部分：服务状态控制区提供启动（Start）与停止（Stop）按钮，用于实时管理 TFTP 服务的运行状态；任务栏图标选项以复选框形式呈现，勾选后系统托盘将显示服务图标以便快速访问，取消勾选则隐藏该图标；根目录设置栏需指定服务器文件存储的基础路径，所有 TFTP 传输操作均限定在此目录范围内。此设计通过精简的功能布局实现了服务启停、交互入口可见性及文件访问范围的一站式管理，兼顾操作效率与安全性控制。SolarWinds TFTP Server 没有集成 DHCP 服务器的功能，因此在使用前必须单独安装 DHCP 服务器。SolarWinds TFTP Server 的设置界面如图 4-2-4 所示。

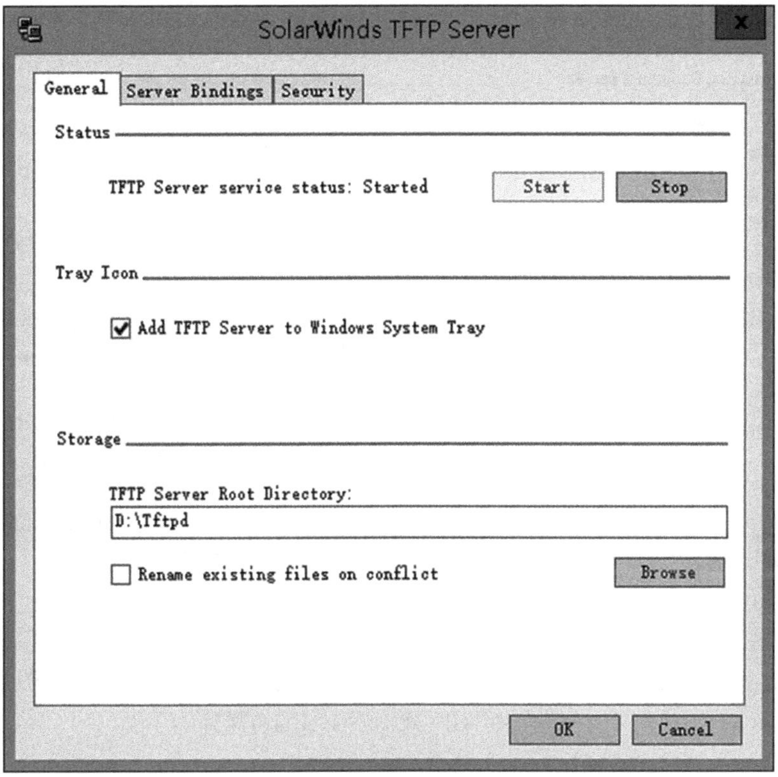

图 4-2-4　SolarWinds TFTP Server 的设置界面

第三节　Symantec Ghost 设置

Symantec Ghost 是美国赛门铁克公司其下的一款经典系统备份与克隆工具，主要面向企业级用户。其核心功能是通过创建磁盘或分区的镜像文件（. GHO 格式），实现快速系统部署、灾难恢复及批量设备配置。工具支持完整克隆整个硬盘或特定分区至另一硬盘（目标硬盘容量不同但需足够空间即可迁移），并提供增量备份以减少存储和时间消耗。镜像文件可压缩或分卷存储，便于物理介质保存或网络传输。在网络化部署中，Ghost 结合 PXE 启动与 TFTP 服务器，利用多播技术同步克隆多台设备，极大提升机房、网吧等场景的批量配置效率。

Symantec Ghost 由服务端（GhostSrv. exe）和客户端（Ghost. exe）两部分协同工作。服务端作为控制中心，负责镜像的创建、管理与分发，支持生成整盘镜像和分区镜像，通过压缩加密优化存储效率，并借助 GhostCast Server 实现单播/多播传输，显著降低大规模部署的网络负载。GhostCast Server 运行界面如图 4-3-1 所示。

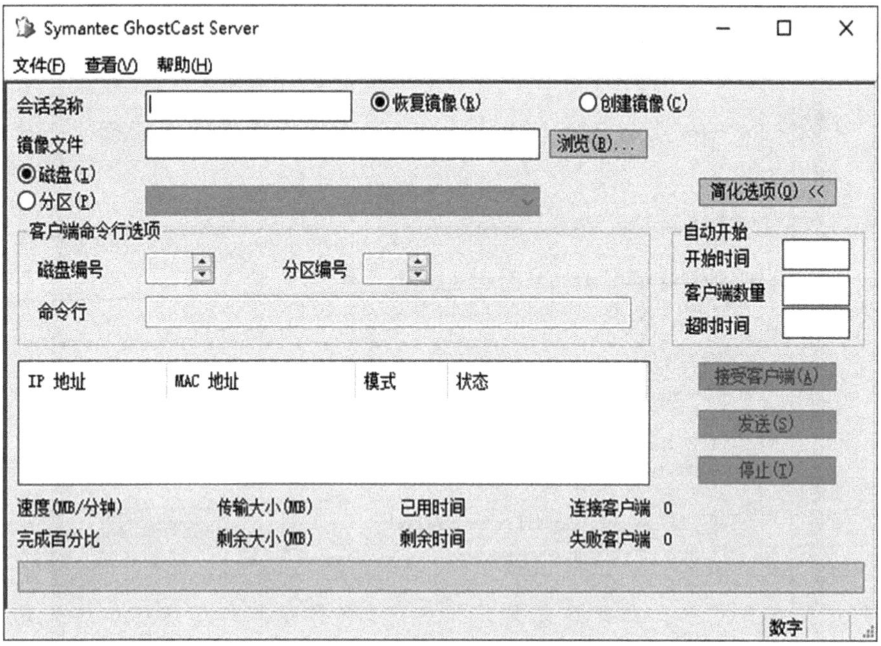

图 4-3-1　GhostCast Server 运行界面

GhostCast Server 的界面设计以多播任务管理为核心，主要功能模块包括：（1）会话名称。用于唯一标识多播任务，客户端需输入相同名称加入会话。（2）工作模式。当前是创建镜像还是恢复镜像。（3）镜像文件路径（Image File）。通过“浏览”按钮选择本地或网络存储中的 .GHO 镜像文件。（4）目标磁盘/分区。指定镜像恢复至客户端的磁盘或分区。（5）客户端命令行参数。系统会自动根据工作模式、磁盘编号和分区编号自动生成客户端的命令行，在此基础上，可以进行修改，增加预设自动化参数，例如-sure 跳过确认提示，-rb 任务完成后自动重启客户端。（6）接受客户端。点击该按钮，服务端进入等待连接状态。（7）发送。点击该按钮开始多播，实时监控进度条、传输速率及客户端状态日志。

Symantec Ghost 客户端不仅能够通过网络从服务端接收镜像进行批量部署，还具备强大的本地操作能力，可独立完成整盘或分区的镜像生成与恢复，适用于单机维护、离线备份及紧急修复场景。在本地镜像生成方面，客户端支持将整个硬盘（包括所有分区和引导信息）或指定分区（如系统分区）克隆为 .GHO 格式的镜像文件，用户可通过命令行参数灵活控制备份模式。镜像支持分卷存储，便于存入 FAT32 分区或光盘，同时提供增量备份功能以及记录数据变化，节省存储空间与时间。对于镜像恢复，客户端可执行整盘还原（需目标硬盘容量≥源盘）或精准覆盖特定分区，修复损坏的系统分区而不影响其他数据。即使在原系统无法启动的情况下，用户也可通过 DOS 或 WinPE 启动盘挂载外部存储设备并执行恢复命令，实现裸机级修复。Symantec Ghost 11.0 运行界面如图 4-3-2 所示。

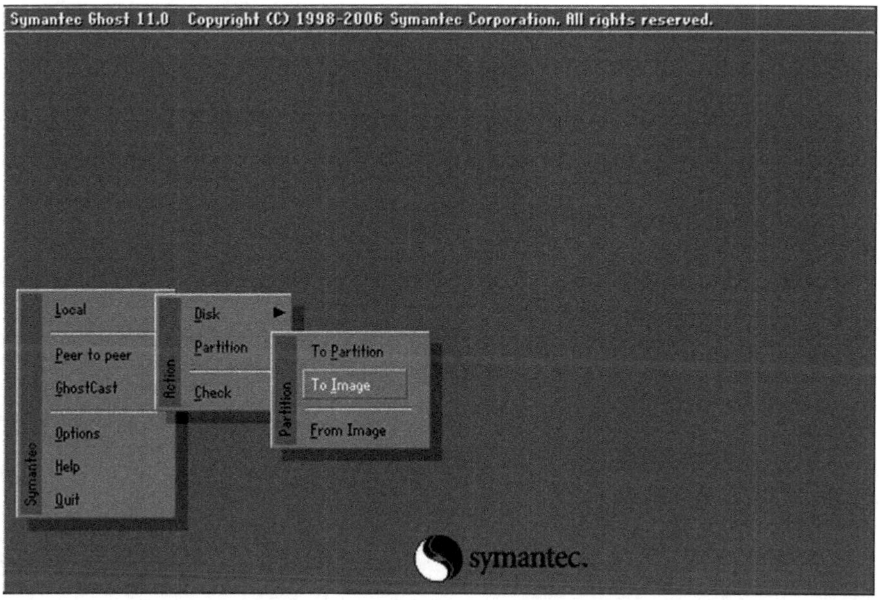

图 4-3-2　Symantec Ghost11 运行界面

两者协作流程为：服务端生成含系统/驱动/软件的标准化镜像后，配置克隆参数（如多播组 IP、目标分区）；客户端通过启动介质或网络连接服务端接收镜像并写入磁盘；任务完成后自动重启并校验数据完整性。Ghost 凭借成熟性、多播效率及对传统场景的适配性，具有很强的实用价值。

第四节　网络克隆

网络克隆主要分为创建镜像和恢复镜像两种工作方式，每种工作方式根据操作对象不同分为磁盘克隆和分区克隆。

4.4.1　整盘创建镜像

当需要对新机房进行批量系统部署时，建议通过全盘克隆功能完整复制源磁盘的分区结构及所有数据，确保目标机器获得完全一致的磁盘环境。操作时需先在服务端界面输入会话名称（例如“JSJ”），选择操作对象类型为“磁盘”，勾选“创建镜像”选项后设置镜像存储路径，并指定源磁盘编号（示例中为 1 号磁盘）。客户端命令行将自动生成基础格式-clone，mode＝create，src＝1，dst＝@mcJSJ，若需克隆过程中跳过所有确认对话框可追加-SURE 参数强制静默执行，通过-split＝4096 可自定义镜像分块大小（单位为 MB，示例为 4 GB 分块，单文件建议设置超大值如 500000），使用-RB 参数可在克隆完成后自动重启客户端计算机。需注意目标存储空间应大于等于源磁盘已用空间的 1.2 倍，设置完毕后，最后点击“接受客户端”按钮，服务端进入等状态。整个硬盘创建镜像时服务端界面如图 4-4-1 所示。

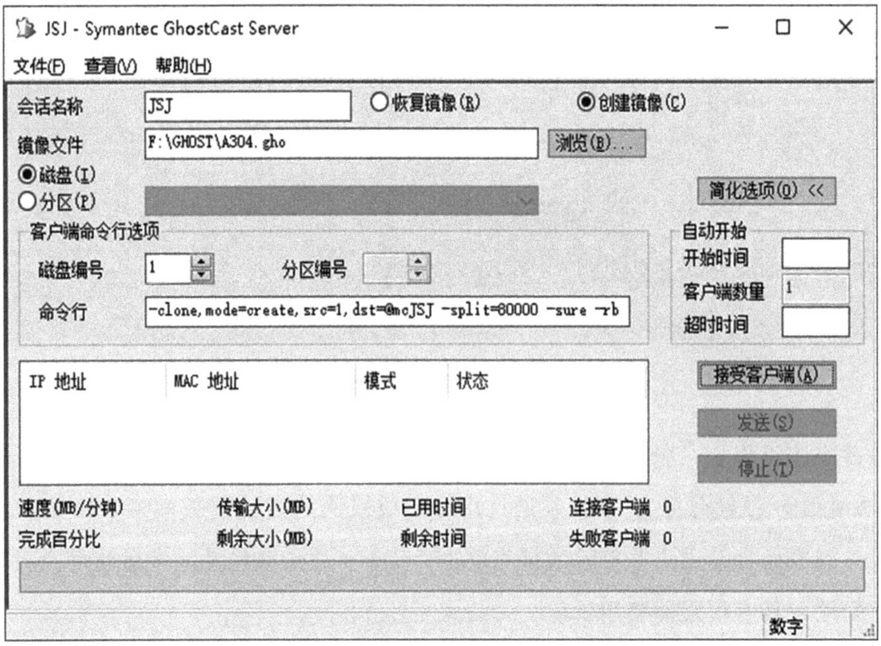

图 4-4-1　整个硬盘创建镜像时服务端界面

4.4.2　分区创建镜像

对分区创建镜像的操作流程与全盘镜像创建基本一致，主要差异在于需选择具体分区：操作时除需指定磁盘编号外，还需选择分区编号（例如磁盘 1 的第 1 个分区标记为 1：1），生成的客户端命令行会相应变更为-clone，mode＝pcreate，src＝1：1，dst＝@mcJSJ。该命令同样支持附加-SURE（静默执行）、-split＝xxx（分块设置）、-RB（完成后重启）等参数。当对客户端第一块硬盘的首分区（即 1：1）创建镜像时，服务端操作界面如图 4-4-2 所示，其存储空间校验规则与分块参数设置逻辑均与全盘镜像模式相同。

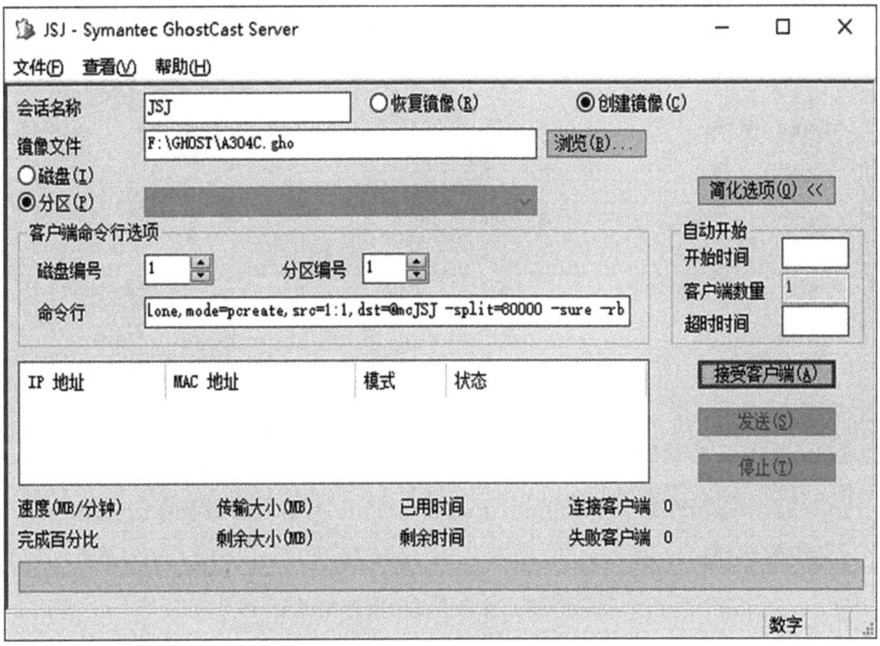

图 4-4-2　分区创建镜像时服务端界面

4.4.3　整盘恢复

当需要执行整盘镜像恢复操作时（适用于新机房建设、全盘结构更新或批量更换硬盘场景），操作流程与镜像创建类似但需切换为恢复模式：在服务端界面勾选“恢复镜像”选项后点击浏览按钮选择已有镜像文件，操作对象仍选择“磁盘”并设置目标磁盘编号，系统自动生成基础命令行如-clone，mode＝restore，src＝@mcJSJ，dst＝1，可追加-SURE（跳过确认）和-RB（完成后重启）参数（注意恢复操作无需使用-split 参数）。支持同时对多客户端推送镜像，通过“自动开始”栏可设置触发条件：按服务器时间定点执行（开始时间）、达到指定连接客户端数量后启动（客户端数量）或超时后强制开始（单位：分钟），三选一或多选组合生效。操作时需先点击“接受客户端”进入等待状态，待满足预设条件或手动点击“发送”按钮后开始传输数据。整盘恢复时服务端界面如图 4-4-3 所示。

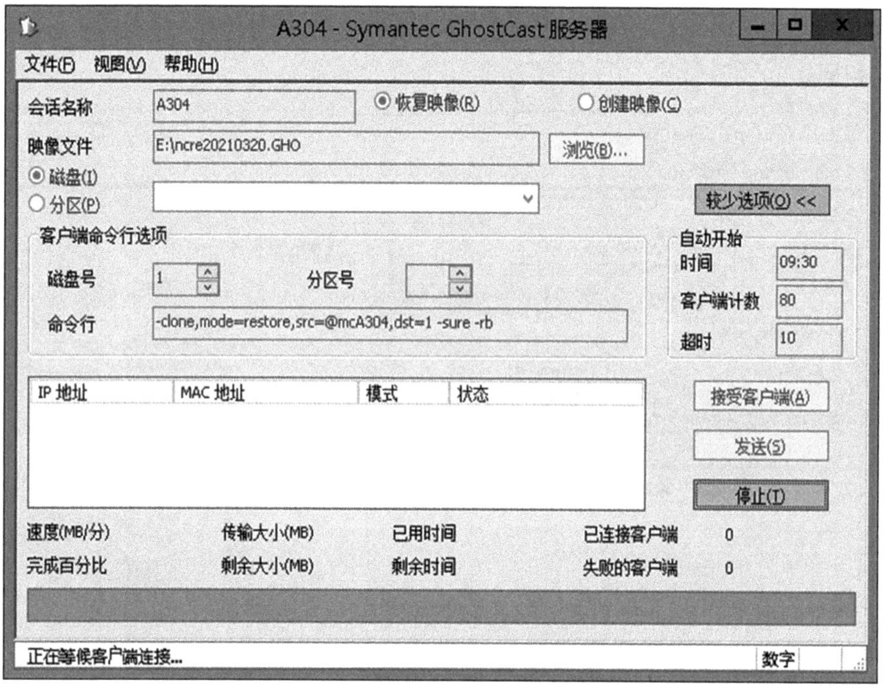

图 4-4-3　整盘恢复时服务端界面

4.4.4　分区恢复

当需要进行分区恢复操作时（适用于软件更新或分区数据替换场景），其设置流程与整盘恢复基本一致但存在关键差异。在服务端选择镜像文件时可选取整盘镜像（通过分区下拉列表筛选特定分区，如选择磁盘 1 的第 2 分区则标记为 1：2）或直接使用分区镜像文件。操作时需在客户端命令行栏同时指定目标磁盘编号与分区号（例如-clone，mode＝prestore，src＝ @mcJSJ：1：2，dst＝1：1 表示将整盘镜像中 1 号磁盘第 2 分区恢复到目标磁盘 1 号分区），同样支持附加-SURE、-RB 参数及设置自动开始条件（定时/数量/超时触发）。完成配置后点击“接受客户端”进入等待状态，待客户端连接满足条件即可执行分区克隆。需注意目标分区容量需大于等于源分区数据体积，最后点击“接受客户端”按钮等待客户端登录。分区恢复时服务端界面如图 4-4-4 所示。

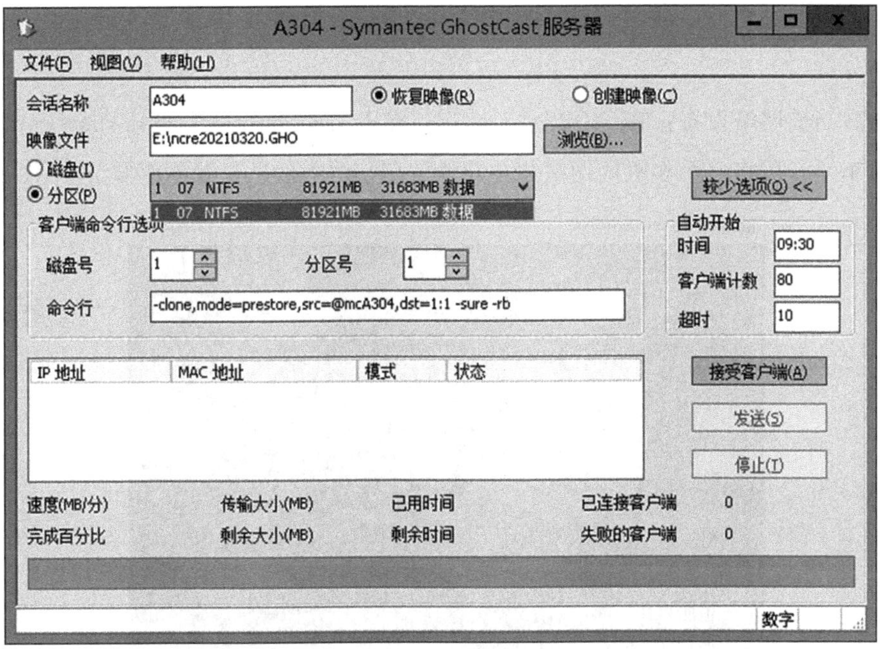

图 4-4-4　分区恢复时服务端界面

第五节　修改计算机名和 IP 地址

网络克隆后，系统所有内容完全一致，包括计算机名和 IP 地址也完全一样，而在同一网络中存在两个或者两个以上相同的 IP 地址，肯定会产生 IP 地址冲突而导致网络不通，修改 IP 地址后，同一网络中存在两台计算机的计算机名称相同，也会产生冲突，因此，网络克隆后还得修改机器名称和 IP 地址，靠手工修改机器名称和 IP 地址是一件工作量很大且极易出差错的事情。

计算机名称的修改都可以使用相关命令来完成，计算机的名称存放在注册表中，主要存放在 HKEY _ LOCAL _ MACHINE、HKEY _ USERS 等主键下面，只要根据计算机的特征值推算出计算机名，并生成相应的注册表文件，再采用 regedit 命令加上"/S"参数导入注册即可。

IP 地址的可以使用 netsh 命令进行修改，netsh 命令是 Windows 操作系统中一个功能强大的网络配置命令行工具，它允许用户从本地或远程显示或修改当前正在运行的计算机的网络配置。输入"netsh /?"或"netsh /help"，可以列出 netsh 支持的命令和选项，以及每个命令的用法和参数说明。这里仅介绍修改 IP 地址、网关以及子网掩码的部分。

查看当前网络设置：在命令提示符状态下输入“netsh interface ip show config”命令，回车运行后将显示本机的网络相关配置信息。网络信息查看界面如图 4-5-1 所示。

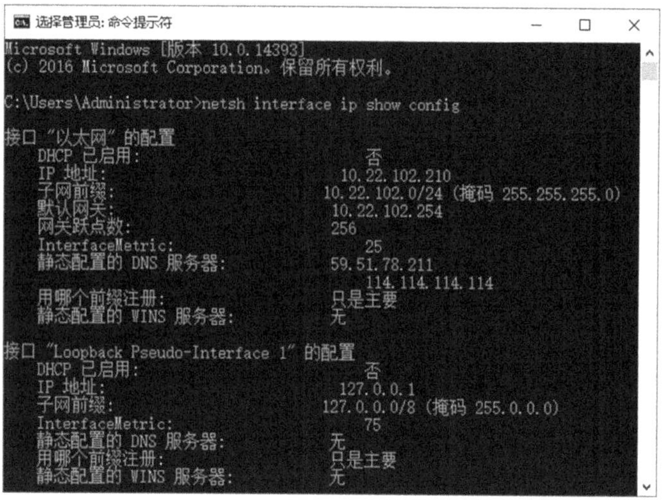

图 4-5-1　网络信息查看界面

静态设置 IP 地址和 DNS：可以使用“netsh interface ip set address name=适配器名称 source=static address=IP 地址 mask=子网掩码 gateway=网关”命令和“netsh interface ip set dns name=适配器名称 source=static address=DNS 地址”命令实现。

4.5.1 首次设置计算机名称和 IP 地址

第一次部署机房时，由于没有计算机的任何信息，因此只能手动输入每一台计算机的信息，为了减轻工作量，可以在克隆系统前在 Windows 启动项中加入批处理命令，克隆完后，正式启动系统时，该批处理就会运行，等待用户输入机器编号，通常将该编号作为 IP 地址的最后一节，同时也是机器名的后缀，例如本机房的 IP 段为“10.22.101”，计算机名的前缀为“A301-”，在第一台计算机上输入数字 1 时，该批处理将这台计算机的 IP 设置为“10.22.101.1”，计算机名的前缀为“A301-1”，该批处理内容如下：

```
@echo off
set /P Num0 = 请输入 IP 地址最后一段：
```

```
set /A Num2 = Num0 + 100
set Num = %Num2:~-2%
set IPduan = 10.22.101.
set CNAME = A301-%Num%
set User = K%Num%
set IPAddress = %IPduan%%Num0%
echo 您输入的 IP 为:%IPAddress%   计算机名为:%CName%   用户名为:%User%
pause
netsh interface ip set address name = "本地连接" source = static addr = %IPAddress% mask = 255.255.255.0 gateway = %IPduan%254 gwmetric = 1
netsh interface ip set dns name = "本地连接" source = static addr = 59.51.78.211
netsh interface ip add dns "本地连接" 114.114.114.114 index = 2

@echo Windows Registry Editor Version 5.00〉ComputerName.reg

@echo
[HKEY_LOCAL_MACHINE\SYSTEM\Controlset001\Control\ComputerName \ComputerName]
〉〉ComputerName.reg
@echo "ActvieComputename" = "%CName%" 〉〉ComputerName.reg
@echo "ComputeName" = "%CName%";〉〉ComputerName.reg

@echo
[HKEY_LOCAL_MACHINE\SYSTEM\ControlSet001\Services\Tcpip\Parameters] 〉〉ComputerName.reg
@echo "NV Hostname" = "%CName%" 〉〉ComputerName.reg
@echo "Hostname" = "%CName%" 〉〉ComputerName.reg

@echo
[HKEY_LOCAL_MACHINE\SYSTEM\ControlSet002\Control\ComputerName\ComputerName]
〉〉ComputerName.reg
@echo "ComputerName" = "%CName%";〉〉ComputerName.reg

@echo
```

```
[HKEY_LOCAL_MACHINE\SYSTEM\ControlSet002\Services\Tcpip\Parameters] >>ComputerName.reg
@echo "NV Hostname" = " %CName% " >>ComputerName.reg
@echo "Hostname" = " %CName% " >>ComputerName.reg

@echo
[HKEY_LOCAL_MACHINE\SYSTEM\ControlSet\Control\ComputerName\ComputerName] >>ComputerName.reg
@echo "ACTVIEComputerName" = " %CName% " >>ComputerName.reg
@echo "ComputerName" = " %CName% " >>ComputerName.reg

@echo
[HKEY_LOCAL_MACHINE\SYSTEM\ControlSet\Services\Tcpip\Parameters] >>ComputerName.reg
@echo "NV Hostname" = " %CName% " >>ComputerName.reg
@echo "Hostname" = " %CName% " >>ComputerName.reg

@echo
[HKEY_LOCAL_MACHINE\SYSTEM\ControlSet001\Control\ComputerName\ACTIVEComputerName] >>ComputerName.reg
@echo "ComputerName" = " %CName% " >>ComputerName.reg

@echo
[HKEY_USERS\.DEFAULT\Software\TopDomain\e-Learning Class v6.0\StudentMain\Preferences] >>ComputerName.reg
@echo "ConnectName" = " %CName% " >>ComputerName.reg

@echo [HKEY_USERS\S-1-5-18\Software\TopDomain\e-Learning Class v6.0\StudentMain\Preferences] >>ComputerName.reg
@echo "ConnectName" = " %CName% " >>ComputerName.reg

@echo [HKEY_LOCAL_MACHINE\SYSTEM\CurrentControlSet\Control\ComputerName\ACTIVEComputerName] >>ComputerName.reg
@echo "ComputerName" = " %CName% " >>ComputerName.reg
```

```
@echo [HKEY_LOCAL_MACHINE\SYSTEM\CurrentControlSet\Control\ComputerName\Com-
puterName] >>ComputerName.reg
@echo "ComputerName" = " %CName% " >>ComputerName.reg
@echo "ActvieComputeName" = " %CName% " >>ComputerName.reg

regedit /s ComputerName.reg

c:\windows\system32\shutdown -r -t 20

rem 删除产生的临时文件
del ComputerName.reg
del %0
```

该批处理运行后，显示“请输入 IP 地址最后一段:”，光标在后面闪烁，输入数字 1 后自动生成 IP 地址和计算机名，为了防止输入错误，在此等待用户确认，确认后将自动修改计算机名称和 IP 地址，并自动重新启动。批处理运行界面如图 4-5-2 所示。

图 4-5-2　批处理运行界面

4.5.2　自动设置计算机名称和 IP 地址

针对已经安装好系统的机房，在重新部署前，可以先收集机房内每台计算机的基本信息，根据特征信息（如 MAC 地址、CPU ID 等）推算出该计算机的 IP 地址和计算机名，再通过相关命令修改计算机的 IP 地址和计算机名，这样避免了逐台计算机进行修改。

计算机的基本信息的获取可以借助一些小工具，常用的有“MAC 地址查询扫描器 V3.7”“极域电子教室”等。MAC 地址查询扫描器 V3.7 可以在局域网内任意一台计算机上运行，设置 IP 地址范围后点击扫描即可获得局域网内所有已经启动的计算机的 IP 地址、MAC 地址、主机名、设备厂商等信息，点击“保存”按钮可以将这些信息保存为 html、excel 或者 txt 文件。MAC 地址查询扫描器运行界面如图 4-5-3 所示。

图 4-5-3　MAC 地址查询扫描器运行界面

将获得的 MAC 地址按计算机名、MAC 地址、IP 地址、用户名、子网掩码、网关地址的顺序存放在更改机器名的批处理文件中。

自动更改计算机名称和 IP 地址的基本思路是：将更改计算机名称和 IP 地址的批处理文件事先存放在启动项中，克隆完毕后，第一次启动计算机时，自动运行该批处理，为了准确获得信息，建议先关闭 IPv6，然后用 ipconfig 命令带/all 参数，获得本机的 IP 地址详细信息，并将这些信息存放在 ipconfig. txt 文件中，再通过 find 命令，在 ipconfig. txt 中查找关键字“物理地址”，并将查找到的结果存放在 phyaddr. txt 中，再通过 for 命令提取到该机器的 MAC 地址，将 MAC 地址信息存放在变量“strmac”中，再使用 find 命令根据变量“strmac”在整个机房的机器信息表文件 config. cfg 中查找是否存在该 MAC 地址，如果存在，返回该计算机的机器名、IP 地址、网关等信息，最后通过 netsh 命令和 regedit 命令修改计算机名称和 IP 地址信息。为了避免每次启动开机时都执行该操作，在批处理的最后加个“del%0”命令行，删除批处理文件本身。

批处理文件示例代码如下：

```
@echo off & setlocal enableextensions
echo WScript.Sleep 1000 > %temp%\tmp$$$.vbs
set /a i=99
:Timeout
if %i% == 0 goto Next
setlocal
set /a i=%i%-1
cls
echo.
echo.
echo                    欢迎使用本程序,系统检测中......
echo.
echo              ##########################
echo              #                                                #
echo              #      网卡加载中......请耐心等待 %I% 秒       #
echo              #                                                #
echo              ##########################
cscript //nologo %temp%\tmp$$$.vbs
goto Timeout
goto End

:Next
rem 关闭部分服务......
netsh interface teredo set state disabled >nul
netsh interface 6to4 set state disabled >nul
netsh interface isatap set state disabled >nul

@echo[ComputerName][Macaddress][Ipaddress][NewName][mask][gateway]> config.cfg
ECHO A01 F8-BC-12-A0-BE-96 10.22.104.1 K01 255.255.255.0  10.22.104.254 >> config.cfg
```

```
ECHO A02 F8-BC-12-A0-30-56 10.22.104.2 K02 255.255.255.0  10.22.104.254 >> config.cfg
ECHO A03 F8-BC-12-A0-C4-4A 10.22.104.3 K03 255.255.255.0  10.22.104.254 >> config.cfg
ECHO A04 F8-BC-12-9F-97-D2 10.22.104.4 K04 255.255.255.0  10.22.104.254 >> config.cfg
ECHO A05 F8-BC-12-A0-BE-69 10.22.104.5 K05 255.255.255.0  10.22.104.254 >> config.cfg
ECHO A06 F8-BC-12-A0-C2-5C 10.22.104.6 K06 255.255.255.0  10.22.104.254 >> config.cfg
ECHO A07 F8-BC-12-A0-C4-3A 10.22.104.7 K07 255.255.255.0  10.22.104.254 >> config.cfg
ECHO A08 F8-BC-12-A1-13-8B 10.22.104.8 K08 255.255.255.0  10.22.104.254 >> config.cfg
ECHO A09 F8-BC-12-9D-E2-D4 10.22.104.9 K09 255.255.255.0  10.22.104.254 >> config.cfg
ECHO A10 F8-BC-12-A0-32-E1 10.22.104.10 K10 255.255.255.0  10.22.104.254 >> config.cfg

rem 收集本机 ip 信息
if exist ipconfig.txt   del ipconfig.txt
ipconfig /all >ipconfig.txt

rem 找出 mac 地址
if exist phyaddr.txt    del phyaddr.txt
find  "物理地址" ipconfig.txt >phyaddr.txt

for /f "skip=2 tokens=15"  %%M in (phyaddr.txt) do set strMac=%%M
rem @echo %strMac%

find "%strMac%" Config.cfg >ComputerCfg.txt

for /f "skip=2 tokens=1"  %%N in (ComputerCfg.txt) do set CName=%%N
```

```
rem @echo %CName%

for /f "skip=2 tokens=2" %%M in (ComputerCfg.txt) do set MacAddress=%%M
rem @echo %MacAddress%

for /f "skip=2 tokens=3" %%I in (ComputerCfg.txt) do set IPAddress=%%I
rem @echo %ipaddress%

for /f "skip=2 tokens=4" %%K in (ComputerCfg.txt) do set NewName=%%K
rem @echo %NewName%
for /f "skip=2 tokens=5" %%O in (ComputerCfg.txt) do set mask=%%O
rem @echo %NewName%
for /f "skip=2 tokens=6" %%P in (ComputerCfg.txt) do set gate=%%P
rem @echo %NewName%

rem 加载服务......
netsh interface teredo set state default >nul
netsh interface 6to4 set state default >nul
netsh interface isatap set state default >nul

del config.cfg
del ipconfig.txt
del phyaddr.txt
del ComputerCfg.txt
echo.
echo.
echo.
echo.
@echo    当前机器的 IP 为：%IPAddress%   子网掩码：%mask%   网关：%gate%
计算机名为：%CName%   用户名：%NewName%
echo.
echo.

IF "%CName%"=="" pause
```

```
netsh interface ip set address name = "本地连接" source = static addr = %IPAddress% mask = %mask% gateway = %gate% gwmetric = 1
netsh interface ip set dns name = "本地连接" source = static addr = 59.51.78.211
netsh interface ip add dns "本地连接" 222.246.129.81 index = 2

REM goto tpj

@echo Windows Registry Editor Version 5.00 >ComputerName.reg

@echo
[HKEY_LOCAL_MACHINE\SYSTEM\ControlSet001\Control\ComputerName\ComputerName]
>>ComputerName.reg
@echo "ACTVIEComputerName" = "%CName%" >>ComputerName.reg
@echo "ComputerName" = "%CName%";>>ComputerName.reg

@echo
[HKEY_LOCAL_MACHINE\SYSTEM\ControlSet001\Services\Tcpip\Parameters] >>ComputerName.reg
@echo "NV Hostname" = "%CName%" >>ComputerName.reg
@echo "Hostname" = "%CName%" >>ComputerName.reg

@echo
[HKEY_LOCAL_MACHINE\SYSTEM\ControlSet002\Control\ComputerName\ComputerName]
>>ComputerName.reg
@echo "ComputerName" = "%CName%";>>ComputerName.reg

@echo
[HKEY_LOCAL_MACHINE\SYSTEM\ControlSet002\Services\Tcpip\Parameters] >>ComputerName.reg
@echo "NV Hostname" = "%CName%" >>ComputerName.reg
@echo "Hostname" = "%CName%" >>ComputerName.reg

@echo
[HKEY_LOCAL_MACHINE\SYSTEM\ControlSet\Control\ComputerName\ComputerName] >>
```

```
ComputerName.reg
@echo "ACTVIEComputerName"="%CName%" >>ComputerName.reg
@echo "ComputerName"="%CName%" >>ComputerName.reg

@echo
[HKEY_LOCAL_MACHINE\SYSTEM\ControlSet\Services\Tcpip\Parameters] >>Computer-
Name.reg
@echo "NV Hostname"="%CName%" >>ComputerName.reg
@echo "Hostname"="%CName%" >>ComputerName.reg

@echo
[HKEY_LOCAL_MACHINE\SYSTEM\ControlSet001\Control\ComputerName\ACTIVEComputer-
Name] >>ComputerName.reg
@echo "ComputerName"="%CName%" >>ComputerName.reg

@echo [HKEY_USERS\.DEFAULT\SOFTWARE\TopDomain\e-Learning Class v6.0\Student-
Main\Preferences] >>ComputerName.reg
@echo "ConnectName"="%CName%" >>ComputerName.reg

@echo [HKEY_USERS\S-1-5-18\SOFTWARE\TopDomain\e-Learning Class v6.0\Student-
Main\Preferences] >>ComputerName.reg
@echo "ConnectName"="%CName%" >>ComputerName.reg

@echo
[HKEY_LOCAL_MACHINE\SYSTEM\CurrentControlSet\Control\ComputerName\ACTIVECom-
puterName] >>ComputerName.reg
@echo "ComputerName"="%CName%" >>ComputerName.reg

@echo
[HKEY_LOCAL_MACHINE\SYSTEM\CurrentControlSet\Control\ComputerName\Computer-
Name] >>ComputerName.reg
@echo "ComputerName"="%CName%" >>ComputerName.reg
@echo "ACTVIEComputerName"="%CName%" >>ComputerName.reg
```

```
regedit /s ComputerName.reg

del ComputerName.reg

rem 更改登录用户名
net user k60 /fullname:"%NewName%"
wmic useraccount where name='k60' call Rename %NewName%

:tpj

c:\windows\system32\shutdown -r -t 60
del %0
```

第六节　本地备份与恢复

每次系统更新都采用网络克隆来实现，存在许多不可靠的因素：比如网络状况，只要网络中存在一个网速低的节点，整个网络克隆的速度都会降到和这一个节点相同，正常十分钟可以完成的工作，有时可能需要几个小时才能完成，甚至还有的计算机会在中途退出，这部分计算机又得重新克隆。

随着技术的不断发展，现在硬盘的空间是足够大的，通常教学活动不需要使用那么大的硬盘，因为在最初进行硬盘规划时，就可以划分一个分区，用来存放本机的备份文件，根据计算机的使用情况，如果有多个用途，比如平时正常教学系统和考试时使用的系统不相同时，可以分别进行备份，比如平时上课的系统备份为SK.GHO，用于考试的系统备份为KS.GHO。

上课系统网络克隆完毕，通过自动批处理文件修改计算机名称和IP地址后，可以将此状态保存下来，单台计算机可以使用“ghost.exe -clone，mode=pdump，src=1:1，dst=1:3\ghost\SKc.gho -sure -rb”命令将C盘备份到E盘Ghost文件夹中。逐台操作的工作量非常大，可以借助DHCP服务器进行批量处理。首先可以借助3Com BootImage Editor生成PXE文件和IMG文件。

使用3Com BootImage Editor编辑文件的详细流程如下：启动软件后选择“Create

a PXE menu boot file”，设定镜像文件系统为 FAT32 以兼容大文件及长文件名支持，在根目录下创建“Ghost”文件夹并复制“Ghost. exe”（需 V11. 5 及以上版本以支持 NTFS 分区），同时添加鼠标驱动文件如“MOUSE. COM”。随后在镜像根目录创建“AUTOEXEC. BAT”文件，内容需包含静默加载鼠标驱动的“MOUSE. COM /Q”、调用“Ghost. exe”执行备份命令如“Ghost. exe -clone，mode=pdump，src=1：1，dst=1：3 \ ghost \ skc. gho -sure -rb”。完成配置后点击“BUILD”生成“BF. IMG”镜像，并通过“Save as PXE Menu File”导出为“BF. PXE”文件。3COM BootImage Editor 启动界面如图 4-6-1 所示。编辑 BF. PXE 界面如图 4-6-2 所示。

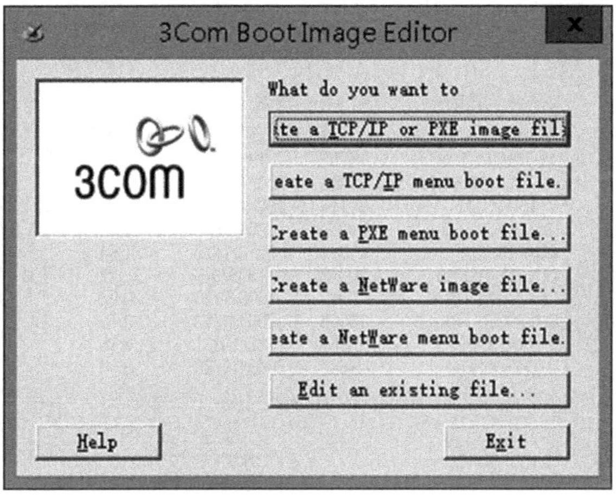

图 4-6-1　3Com BootImage Editor 启动界面

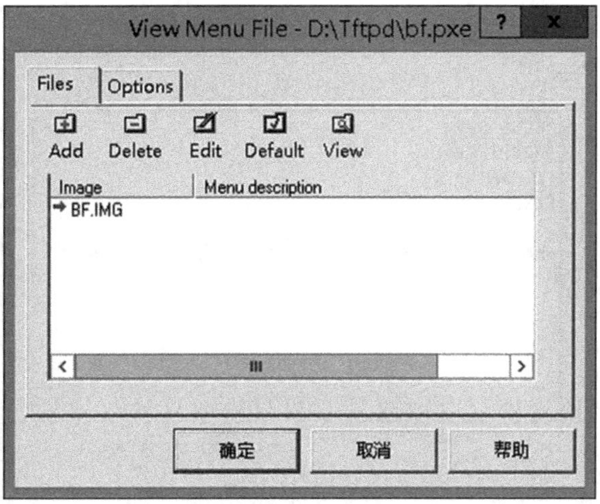

图 4-6-2　编辑 BF. PXE 界面

将生成的 BF. PXE 和 BF. IMG 文件存放在 TFTP 服务器的根目录中，再在 DHCP

服务器中“作用域选项”中增加选项名为“066 启动服务器主机名”，其值设置为 TFTP 启动服务器的 IP 地址，再增加选项名为“067 启动文件名”，其值设置为“BF. PXE”。服务器设置完毕后，将客户机设置为网络启动，客户端启动后自动寻找服务器，并从服务器获取 BF. PXE 和 BF. IMG 文件，启动成功后自动运行自动批处理文件 autoexec. bat，从而执行 Ghost 备份命令。编辑 BF. IMG 界面如图 4-6-3 所示。编辑 AUTOEXEC. BAT 界面如图 4-6-4 所示。

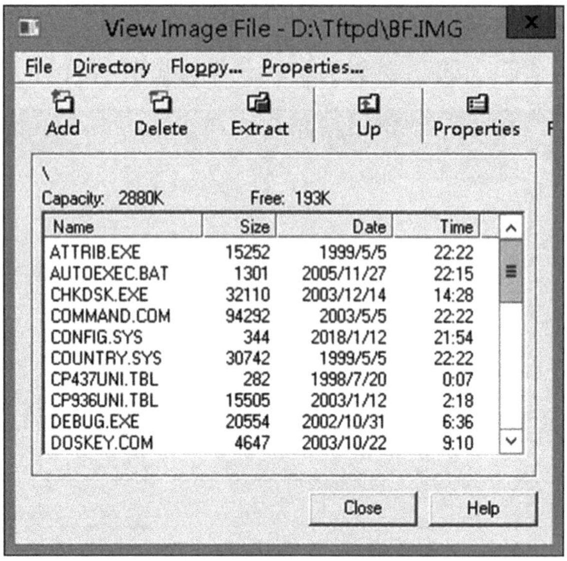

图 4-6-3 编辑 BF. IMG 界面

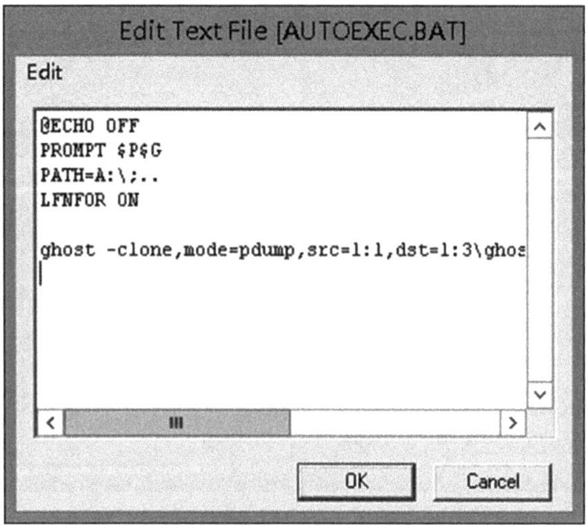

图 4-6-4 编辑 AUTOEXEC. BAT 界面

需要恢复系统时，同样用 3COM Bootimage Editor 生成“FF. pxe”和“ff. img”文件，ff. img 文件中的 Ghost 命令行修改为：“Ghost. exe -clone，mode=pload，src=1：3 \ Ghost \ SKc. gho：1，dst=1：1 -sure -rb”，再将 DHCP 服务器中的“067 启动文件名”修改为“FF. pxe”，让客户机从网络启动，即可将 SKC. GHO 恢复到 C 盘。

第七节　使用 Deep Freeze 保护系统

系统保护软件是维护计算机数据安全与系统稳定的重要工具，其核心功能在于通过技术手段防止未经授权的系统修改，并在遭遇病毒攻击、误操作或软件冲突时快速恢复至原始状态。在众多系统保护解决方案中，Deep Freeze（冰点还原精灵）、夏软（同方夏软）和还原精灵等产品因其独特的保护机制被广泛应用于教育、公共机房及企业环境。其中，Deep Freeze 以其高效的系统冻结技术和极简的操作逻辑，成为行业标杆产品。

4.7.1　Deep Freeze 的安装

Deep Freeze 的安装和其他应用软件的安装基本相同，安装完成时可以勾选启动“企业服务器控制台”，控制台会自动启动。Deep Freeze 企业服务器控制台界面如图 4-7-1 所示。

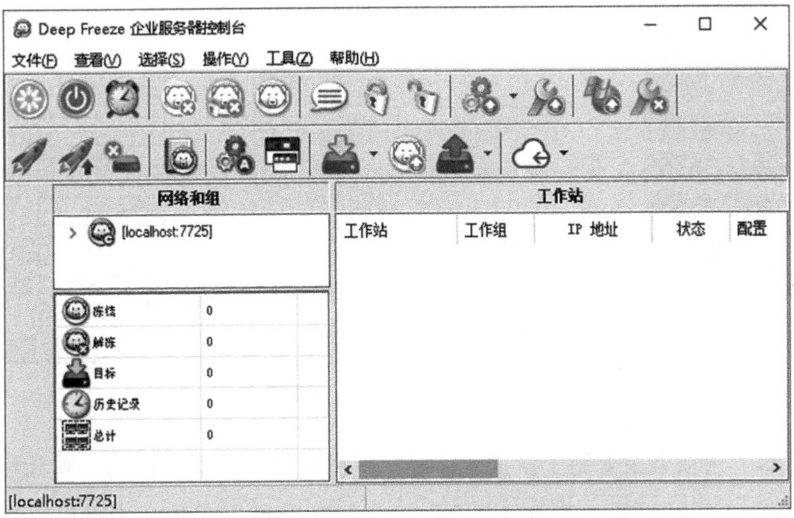

图 4-7-1　Deep Freeze 企业服务器控制台界面

4.7.2 使用 Deep Freeze 配置管理程序

点击 Deep Freeze 企业服务器控制台的工具菜单中的“配置管理程序”，或者点击开始菜单中 Faronics 菜单中的“Deep Freeze 管理程序”打开 Deep Freeze 管理程序窗口。配置管理程序中有多个选项卡，用于配置密码、处于“冰结”状态的驱动器、工作站任务、Windows 更新、批处理文件和高级选项。在配置了这些设置后，即会创建一个工作站安装文件。可将工作站安装文件安装到需要受 Deep Freeze 保护的计算机上。Deep Freeze Enterprise 允许管理员最多选择 15 个固定密码。Deep Freeze 管理程序界面如图 4-7-2 所示。

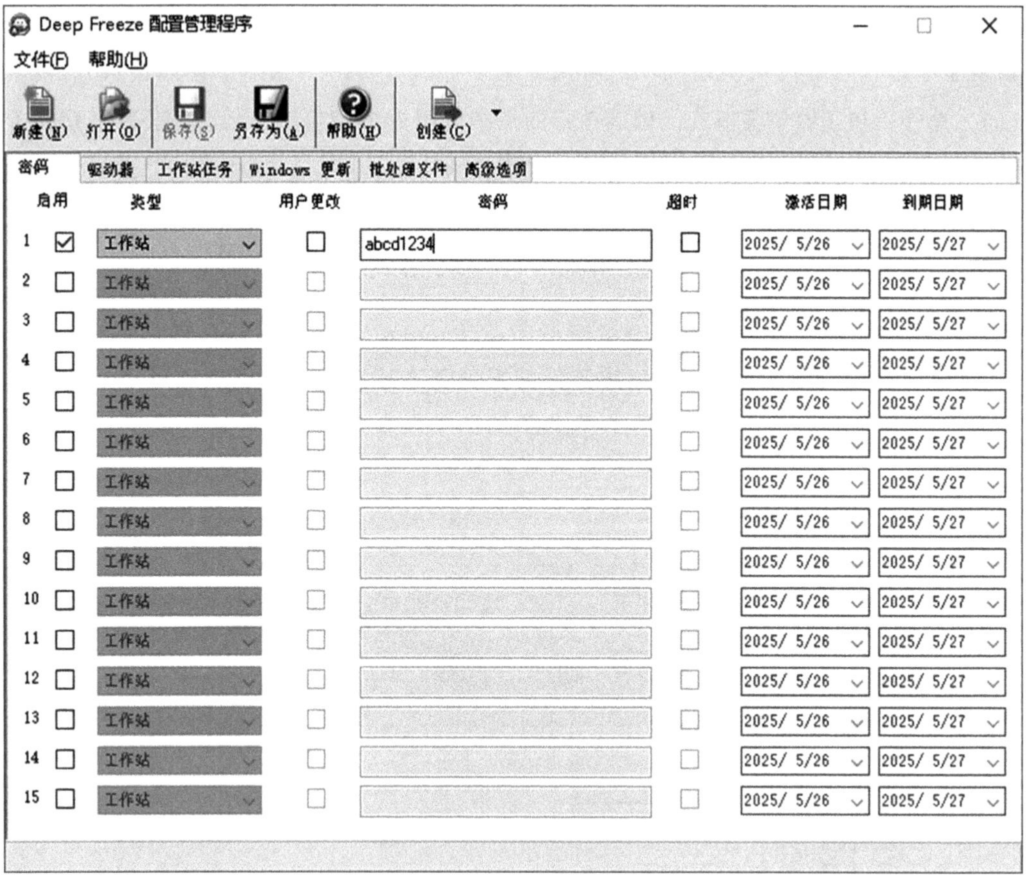

图 4-7-2 Deep Freeze 管理程序界面

“驱动器”选项卡主要用于设置和管理计算机驱动器的保护状态。默认情况下，所有驱动器都处于冻结状态，若要将某个驱动器设置为解冻状态，需要取消选中该驱动器对应的复选框。

解冻空间是一个虚拟分区，可用于存储程序、保存文件或进行永久性更改。解冻空间中存储的所有文件均在重启后保留，即便计算机处于冻结状态。可以在一个配置为冻结或解冻状态的驱动器上面创建一个解冻空间。

始终解冻外置硬盘驱动器窗格中有 2 个复选框：USB 和 IEEE 1394，默认情况下都处于选中状态。这样可确保 USB 或 IEEE 1394 硬盘驱动器始终处于解冻状态。如果 USB 或 IEEE 1394 外置硬盘驱动器对应的复选框没有选中，则该驱动器是处于冻结还是解冻状态，取决于每个驱动器所挂载的盘符在“冻结的驱动器”区域中的状态。但是网络驱动器和可移动媒体设备（软盘、U 盘、CD-RW 等）不受 Deep Freeze 的影响，因而不会处于冰冻状态。“驱动器”选项卡界面如图 4-7-3 所示。

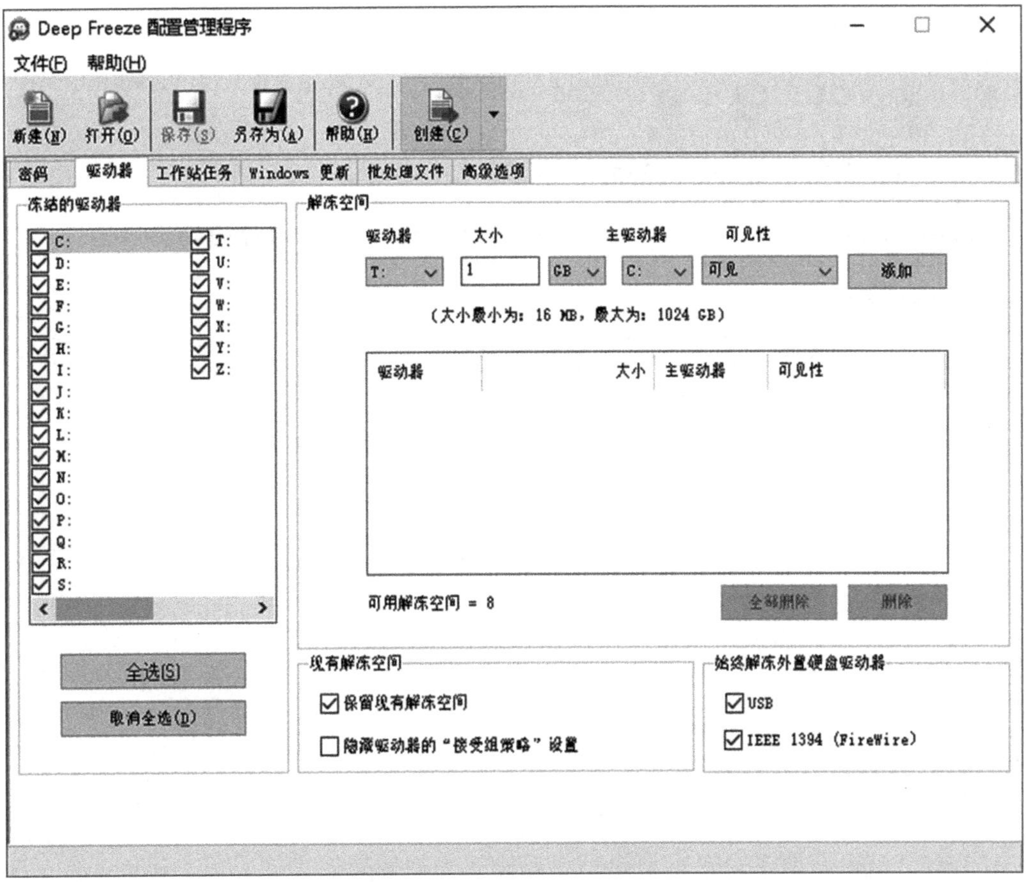

图 4-7-3　“驱动器”选项卡界面

“工作站任务”选项卡允许在工作站上预先设定各项任务。工作站任务一直位于工作站上，即使工作站的网络链接丢失或者不能与 Deep Freeze 控制台进行通信，这些任务也能够运行。工作站任务是工作站安装文件或者 Deep Freeze 配置（.rdx）文件的一部分。任务类型有 Windows 更新、重启、关机、空闲时间、批处理文件、THAWED 期间等。常用任务有 Windows 更新和关机，Windows 更新是指工作站为下载 Windows 更新而计划 Windows 更新任务，即使工作站处于冰冻状态时也可以下载 Windows 更新，Windows 更新任务有“起始时间”和“结束时间”选项。下载 Windows 更新以后，处于解冻状态的工作站将重启并应用该更新；关机任务是指在指定的时间关闭客户端计算机，从任务类型下拉列表中选择关机，并单击“添加”，在弹出的对话框中输入指定任务的名称、工作日期、开始时间、是否允许用户取消任务、是否执行前显示消息等，设置完成后单击“确定”即可添加关机任务。工作站任务选项卡界面如图 4-7-4 所示。

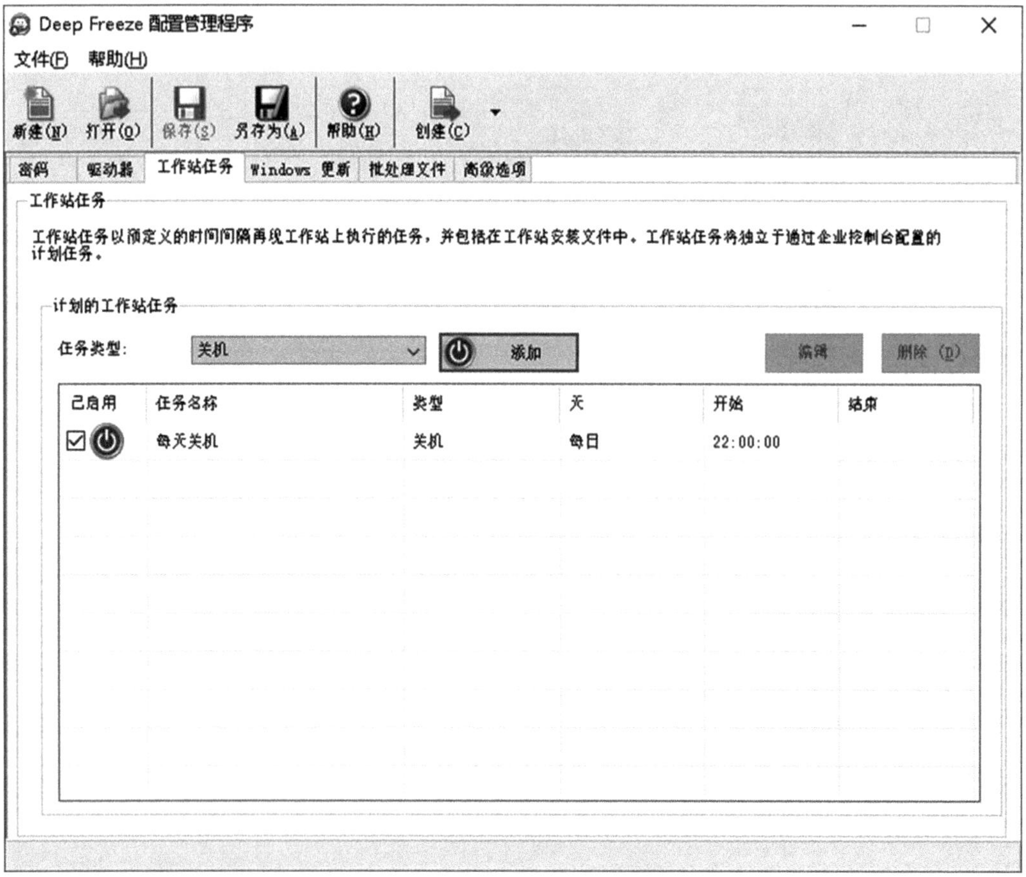

图 4-7-4　工作站任务选项卡界面

“高级选项”选项卡用于配置网络设置（计算机使用这些设置与控制台进行通信），配置各种安全选项，以及管理许可证密钥。

Deep Freeze 企业控制台和安装有 Deep Freeze 的计算机之间可采用两种不同模式

进行通信：LAN 模式或 LAN/WAN 模式。LAN：可将 Deep Freeze 配置为在局域网内通信。LAN 模式是一种自配置模式，只需要一个端口号。默认端口号是 7725。如果该端口号与局域网内的其他程序冲突，可以进行更改。在 LAN 模式下，Deep Freeze 目标计算机和企业控制台将通过 UDP 广播找到彼此。只有在计算机或企业控制台启动后才会发生广播，从而确保目标计算机和控制台之间的通信流量处于较低水平。LAN/WAN：选择“LAN/WAN”可将 Deep Freeze 配置为同时在 LAN 和 WAN 内通信。该模式可用于 LAN、WAN 以及互联网。此模式需要用到 IP 地址或计算机名称以及端口号，以便在企业控制台和受控计算机之间进行通信。

隐蔽模式是指在系统任务栏上是否显示 Deep Freeze 图标，通常设置为冰冻状态不显示，解冻状态时显示图标，在系统任务栏中不显示 Deep Freeze 图标时，可以使用键盘快捷键“Ctrl＋Alt＋Shift＋F6”来访问登录窗口。“高级选项”选项卡界面如图 4-7-5 所示。

图 4-7-5　“高级选项”选项卡界面

4.7.3 创建工作站安装程序和工作站种子

配置好管理选项后，单击配置管理程序工具栏中的“创建”按钮，然后选择“创建工作站安装程序”，该程序的默认文件名称为 DFWks. exe。

单击配置管理程序工具栏中的创建按钮，然后选择创建 Workstation Seed。Workstation Seed 是一个小型程序，使管理员能够通过企业控制台远程安装和控制计算机。Workstation Seed 可作为主映像的一部分进行安装，然后通过映像软件进行部署。局域网中安装了 Workstation Seed 的所有计算机都将显示在企业控制台中。此程序的默认文件名为 DFWksSeed. exe。默认情况下所有文件都保存在 Deep Freeze Enterprise/Install Programs 文件夹。如果需要，可选择其他保存位置，也可以更改文件名。如果要创建多个自定义安装文件，建议采用同一种命名规范。创建工作站安装程序和工作站种子程序界面如图 4-7-6 所示。

图 4-7-6 创建工作站安装程序和工作站种子程序界面

4.7.4　工作站种子的安装

工作站种子安装程序默认文件名为 DFWksSeed.exe，其安装过程极为简单，程序启动后，点击“安装”按钮即可自动开始安装，安装完毕后自动重新启动计算机。工作站种子安装界面如图 4-7-7 所示。

图 4-7-7　工作站种子安装界面

4.7.5　使用控制台管理 Deep Freeze

使用 Deep Freeze 控制台能对已经安装了工作站种子的计算机远程安装 Deep Freeze 软件，能更改客户机的保护状态，也可以远程唤醒客户机、关闭客户机，并能对客户机进行分组管理等。

客户机安装工作站种子后，在控制台的“整个网络”下可以看到已经连接的计算机，此时工作站处于“工作站种子”状态，客户端计算机还没有安装 Deep Freeze 软件，因此不能保护系统。工作站种子连接控制台界面如图 4-7-8 所示。

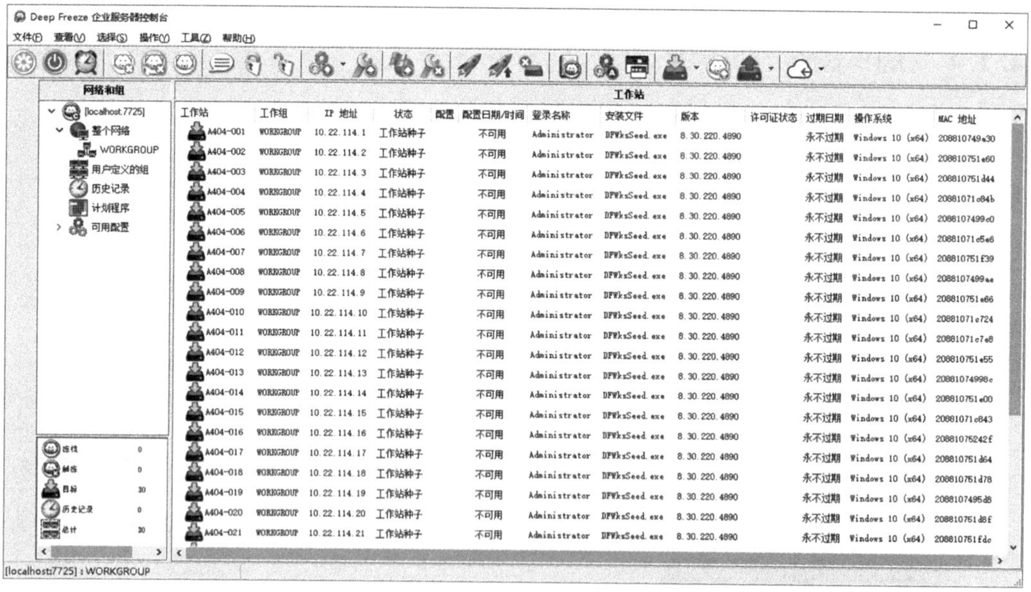

图 4-7-8　工作站种子连接控制台界面

点击选择菜单下的“全选目标工作站”选项可以选中所有安装种子的计算机，点击工具栏上的“安装”按钮，弹出提示信息，提示该操作将在所选计算机上安装 Deep Freeze，要求选择将要在远程系统上安装的 Deep Freeze 安装文件，并提示该文件图标上有“W 标志”，选择生成的 DFWks. exe 后，客户端开始依次安装 Deep Freeze 软件，安装完毕后自动重新启动。Deep Freeze 安装界面如图 4-7-9 所示。

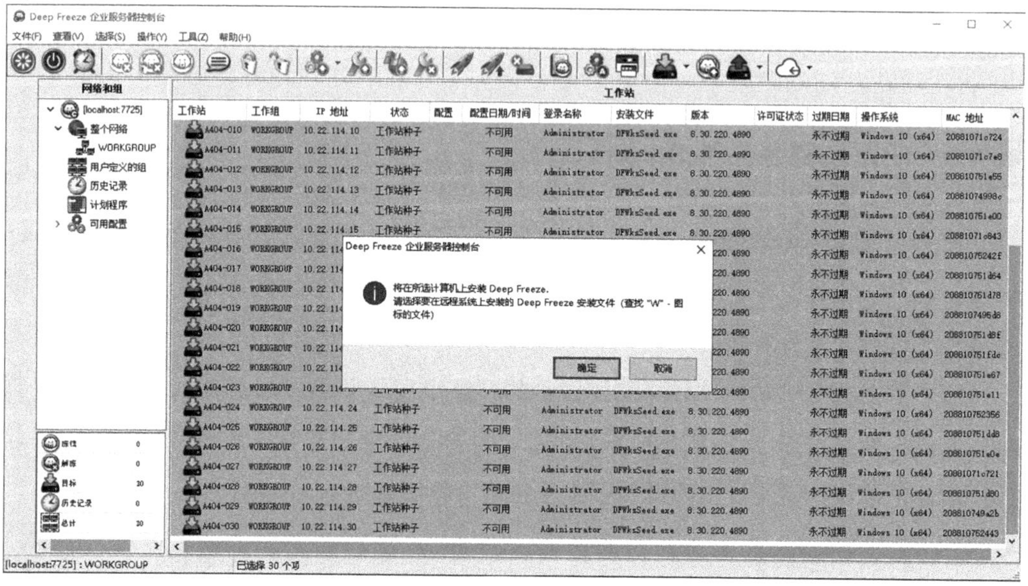

图 4-7-9　Deep Freeze 安装界面

Deep Freeze 软件安装后，客户机自动进入冻结状态，客户机处于冰冻状态界面如图 4-7-10 所示。

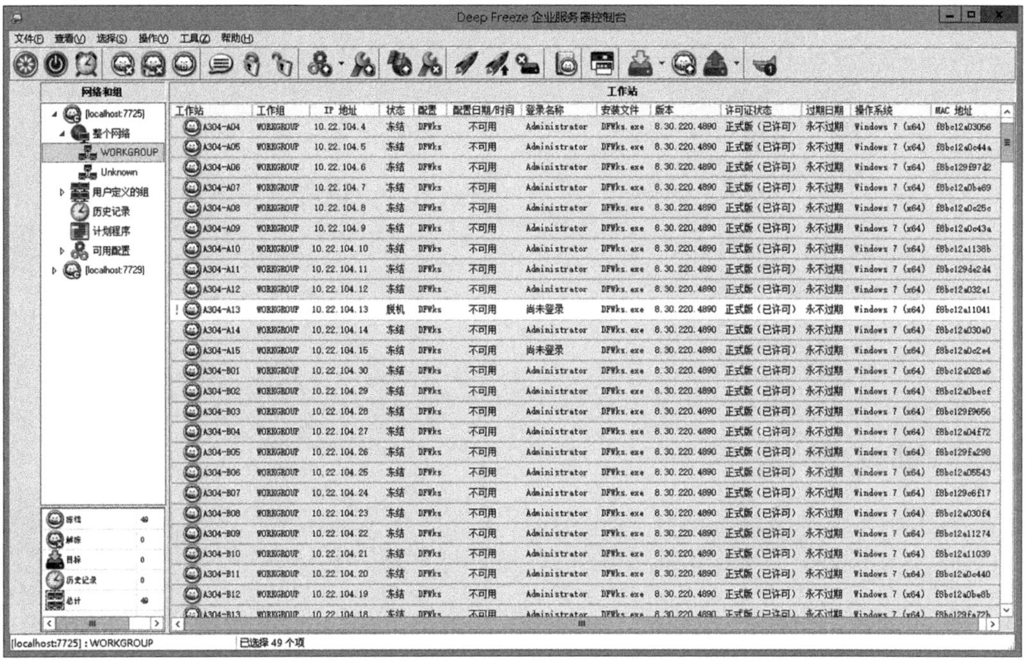

图 4-7-10　客户机处于冰冻状态界面

选中所有连接的客户，在计算机图标上右击，可以选择重启、关机、远程唤醒、重启后解冻、重启后解冻已锁定、重启后冻结等操作，这些操作对计算机机房的日常管理带来了极大的方便。

图书在版编目（CIP）数据

计算机机房系统部署实训指导教程 / 唐鹏举，王栋，李伟主编．-- 湘潭 : 湘潭大学出版社，2025. 8.
ISBN 978-7-5687-1875-2
Ⅰ．TP308
中国国家版本馆 CIP 数据核字第 2025J3K821 号

计算机机房系统部署实训指导教程

JISUANJI JIFANG XITONG BUSHU SHIXUN ZHIDAO JIAOCHENG

唐鹏举 王栋 李伟 主编

策划编辑：肖 萑
责任编辑：肖 萑
封面设计：张博雅
出版发行：湘潭大学出版社
社 址：湖南省湘潭大学工程训练大楼
电 话：0731-58298960 0731-58298966（传真）
邮 编：411105
网 址：http://press.xtu.edu.cn/
印 刷：长沙创峰印刷有限公司
经 销：湖南省新华书店
开 本：787 mm×1092 mm 1/16
印 张：9.25
字 数：202 千字
版 次：2025 年 8 月第 1 版
印 次：2025 年 8 月第 1 次印刷
书 号：ISBN 978-7-5687-1875-2
定 价：49.00 元